地理学综合实验实习指导丛书

植物地理学实验实习教程

主　编　莫小荣　李素霞
副主编　王华宇　白小梅　韦司棋

WUHAN UNIVERSITY PRESS
武汉大学出版社

图书在版编目(CIP)数据

植物地理学实验实习教程/莫小荣,李素霞主编;王华宇,白小梅,韦司棋副主编.—武汉：武汉大学出版社,2022.4
地理学综合实验实习指导丛书
ISBN 978-7-307-22988-4

Ⅰ.植…　Ⅱ.①莫…　②李…　③王…　④白…　⑤韦…　Ⅲ.植物地理学—教育实习—教材　Ⅳ.Q948.2

中国版本图书馆 CIP 数据核字(2022)第 047932 号

责任编辑:杨晓露　　　责任校对:汪欣怡　　　版式设计:马　佳

出版发行:**武汉大学出版社**　(430072　武昌　珞珈山)
(电子邮箱:cbs22@whu.edu.cn　网址:www.wdp.com.cn)
印刷:武汉市宏达盛印务有限公司
开本:720×1000　1/16　印张:7.25　字数:146 千字　插页:1
版次:2022 年 4 月第 1 版　　2022 年 4 月第 1 次印刷
ISBN 978-7-307-22988-4　　定价:30.00 元

地理学综合实验实习指导丛书

编 委 会

黄远林　　张士伦　　李素霞　　申希兵　　龙海丽
卢炳雄　　莫小荣　　林俊良　　覃伟荣　　刘　敏
白小梅　　李　娜　　官　珍　　王华宇　　程秋华
覃雪梅　　韦东红

特别鸣谢

曾克峰　　刘　超

总　序

　　地理科学专业以应用性与科学性为指导，是研究地理要素或者地理综合体空间分布规律、时间演变过程和区域特征的一门学科，是自然科学与人文科学的交叉学科，具有综合性、交叉性和区域性的特点，具有较强的实践性及应用性。

　　北部湾大学资源与环境学院《地理学综合实验实习指导丛书》是在地理科学专业人才培养要求下编写的，注重培养学生的实践能力及野外操作能力，包括土壤地理学、植物地理学、地质地貌学、水文气候学、人文与经济地理学等方面，同时也是北部湾大学地理科学专业对应课程实验、实习配套指导书。

　　学校立足北部湾，服务广西，面向南海和东盟，服务国家战略和区域经济发展，致力于把学生培养成为具有较强的实践能力、创新能力、就业创业能力，具有国际视野、高度社会责任感的新时代高素质复合型、应用型人才。本丛书结合学校定位，充分挖掘地方特色和专业需求，通过连续两个暑假的野外实习路线和用人单位实际调研及长达40多年的实际教学，累积了大量的野外教学观测点和实验实习素材，掌握了用人单位之所需，体现了人才培养方案之所用。

　　为了丛书的编写质量，北部湾大学资源与环境学院成立了专门的丛书编委会、专家指导委员会及每种指导书的编撰团队，以期为丛书的顺利出版打下基础。

　　本丛书的出版要特别感谢中国地质大学曾克峰教授、刘超教授及其团队的指导，他们连续两年暑假亲自带队调研，确定野外实习路线，亲自修改每一种指导书的初稿。没有他们的付出，就没有丛书的形成，衷心感谢曾教授及其团队的无私奉献和"地理人"的执着努力。同时对北部湾大学教务处、毕业生就业单位以及野外实习单位所涉及的工作人员一并表示感谢。

编　者

前　言

　　植物地理学是研究植物在地球表面分布规律的学科，隶属于自然地理学，同时与生态学有着非常密切的关系，是地理学与生物学的交叉学科。近年来，植物地理学及其分支学科无论在理论上还是在方法论上都取得了迅猛的发展，在植物系统研究、自然地理、植物资源、环境保护以及环境影响评价中都得到了广泛应用。作为高等师范院校地理科学专业开设的一门专业主干课，植物地理学所讲授的内容是从事地理研究和地理教育工作所必需的专业知识，也是学习自然区域地理、经济地理、环境学以及有关自然地理应当具备的基础。

　　随着对应用型人才培养模式的不断探索，"知识、能力、素质"的全面发展备受社会关注，实践教学在植物地理学课程中所占的比重越来越大，除野外实习环节外，课堂实验课程也在各学校积极开设。本书在实验设计上力求满足野外实习和课堂实验课程的需要，将实验分为基础实验和综合实习两大部分。基础实验是经过精选的最基本的、最能代表学科特点的实验方法和技术，实验内容涉及植物细胞、结构、组织的观察，植物六大器官(根、茎、叶、花、果实、种子)的分析，植物类群(藻类、菌类、苔藓、蕨类、裸子植物和被子植物等)的观察和鉴别，植物标本的采集、制作和保存，植物检索表的使用与编制，植物与环境的野外观察等多个基础实验。通过实验操作使学生掌握相应学科基础知识和基本技能，为综合实习奠定基础。综合实习由多种实验技术和多层次的实验内容组成，主要通过对当地典型区域植被的观察、分析，了解在宏观区域背景下各种植物和各种植被的地理分布规律，各地区的植物种类组成、植被特征与自然环境之间的关系，提升学生对所学知识和实验技能的综合运用能力。

　　本书适合高校地理科学各专业作为基础课程教材使用，也可作为环境科学、生态学、生物科学专业及相关专业的本科教材和研究生的参考书，还可作为植物学、地理学、生态学工作者以及环境影响评价人员的参考书。

　　本教程的编写组成员主要来自北部湾大学资源与环境学院地理科学教研室土壤植被教学团队。本教程是北部湾大学资源与环境学院地理学综合实验实习指导丛书之一；是北部湾大学自然地理学重点(培育)学科建设项目成果之一；是北部湾大学校级教改项目"学生全面发展视域下植物地理学课程教学改革与实践"(19JGYB44)的研究成果之一。本书的编写得到北部湾大学资源与环境学院黄远林院长、张士伦副院长的大力支持，感谢中国地质大学曾克峰教授及其团队的悉心指导，感谢资源与环境学院地理科学教研室龙海丽、卢炳雄、申希兵等同事的支持和帮助，在此表示最诚挚的谢意！

　　由于编者知识水平有限，书中难免存在不足之处，望使用本书的教师、学生和相关科学工作者提出宝贵的意见，以便我们及时修改。

目　　录

第一部分　基础实验

实验一　显微镜的使用及植物器官的基本结构观察

【实验目的】

了解显微镜的结构，学会正确使用显微镜。观察和掌握植物叶、根、种子等的基本结构。正确绘制植物显微镜下切片结构图。

【实验用品】

显微镜，擦镜头纸，迎春叶横切制片，针松叶横切制片，玉米、小麦颖果纵切制片，洋葱根尖纵切制片等。

【实验内容】

1. 普通光学显微镜的构造、使用方法与注意事项

1) 普通光学显微镜的构造

光学显微镜是利用人眼可见光作为光源观察物体，最高分辨率 0.2μm。光学显微镜分为单式和复式两类：单式显微镜由一块或几块透镜组成，制造简单，放大率不高，如平台解剖镜；复式显微镜由物镜、目镜和聚光镜等组成，在实验室中经常使用。

普通光学显微镜由光学系统和机械系统两部分组成：光学系统一般包括物镜、目镜、聚光镜、光源等；机械系统一般包括镜筒、物镜转换台、镜台和镜座等（见图 1-1-1）。

标本的放大主要是由物镜完成的，物镜放大倍数越大，它的焦距越短。焦距越小，物镜的透镜和玻片间距离（工作距离）也就越小，因此使用时应该格外注意。目镜只起放大作用，不能提高分辨率。标准目镜的放大倍数是 10 倍。聚光镜能使光线照射标本后进入物镜，形成一个大角度的锥形光柱，因而对提高物镜分辨率很重要。聚光镜可以上下移动，以调节光线的明暗；可变光阑可以调节入射光束的大小。

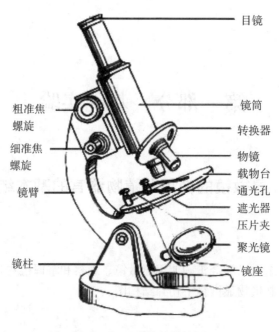

图 1-1-1 显微镜的结构图

2）普通光学显微镜的使用方法

（1）取镜与放置。按固定编号从镜箱中取出显微镜，取镜时右手握镜臂，左手平托镜座，保持镜体直立，不可倾斜。特别要禁止用单手提着显微镜走动，防止目镜从镜筒中滑出和聚光镜掉落。放在桌上时，动作要轻，一般应放在胸前左侧、镜座与桌边相距 5~6cm 处，不用时将显微镜放在桌面中央。

（2）对光。先把聚光镜的孔径光阑开到最大，再把 10× 低倍镜转向中央对准载物台通光孔位置，然后用左眼（右眼勿闭）由目镜向下观察，同时手动调节聚光镜使其对向光源，光线射入镜筒。一般用平面聚光镜即可，光线弱时可用凹面镜。此时在镜内看到一个圆形明亮区域，称为"视场"。视场中光线均匀、明亮、不刺眼。在视场中可看到指针，转动目镜，指针的指向也随着变动。

（3）观察。低倍镜观察：取迎春叶横切制片或松针叶横切制片置于载物台上（盖玻片朝上），放入标本推进尺中夹好（或用压片夹压住载玻片的两端），并将所要观察的材料移到载物台的通光孔的中央，然后两眼从侧面注视显微镜，转动粗准焦螺旋，使得物镜接近制片 5~6mm，再用左眼由目镜向下观察，同时慢慢转动粗准焦螺旋，使载物台徐徐下降，直至物像清晰为止。此时若光线太强，可调节孔径光阑，使光线变暗。物像看清后，注意观察移动制片时，物像的移动方向与之相反。高倍镜观察：用低倍镜观察时，视场范围较大，用高倍镜观察时，视场范围较窄。因此，当使用高倍镜观察某一部分的细微结构时，首先需要在低倍镜下把所要观察的事物部分移到视场中心，然后转至高倍镜中即可观察，如不清晰则用细准焦螺旋调节。注意此时高倍镜离盖玻片距离很近，操作时要十分仔细，以免镜头碰挤盖玻片。在第一次使用显微镜时，必须注意高、低倍镜是否如上述那样"齐焦"。显微镜的总放大率是用目镜与物镜的乘积来表示的，如用 10×目镜与 10×物镜相配合，则物体放大 100 倍。

(4)换制片。一张制片观察完毕，换另一张制片时，先旋转物镜转换器，将物镜移开光孔，取下观察过的制片，换上要观察的制片，然后将低倍镜旋转至通光孔进行观察，需要时换高倍镜观察。

(5)收显微镜。显微镜使用完毕，旋转物镜转换器，使两个物镜分开至两旁，下降载物台，取下制片，将显微镜放回镜箱中，并在登记本中填写显微镜的使用情况。

3)普通光学显微镜使用注意事项：

(1)载物台的升降使用粗准焦螺旋，细准焦螺旋一般在高倍镜调节清晰度时使用，以旋转半圈为度，不宜仅向一个方向旋转，以免磨损失灵。

(2)使用高倍镜观察时，必须先在低倍镜观察清楚的基础上，再转换至用高倍镜观察。此时，只能缓慢旋转细准焦螺旋，勿使物镜前的透镜接触玻片，以免污染、磨损高倍镜镜头。

(3)换制片时，要先将高倍镜移开光孔，然后取下或装上制片，禁止在使用高倍镜的情况下取下或装上制片，以免污染、磨损物镜。

(4)在观察临时制片时，标本上要加盖玻片，并用吸水纸吸去玻片下多余的液体，擦去载玻片上的液体，再进行观察。

(5)机械部分上的灰尘，应随时用纱布擦拭，擦拭目镜、物镜、聚光镜和反光镜时，必须用特制的擦镜纸擦拭，严禁用手指接触透镜。万一有油污，可用擦镜纸先蘸取乙醚-乙醇混合液或二甲苯擦拭，再用干擦镜纸擦拭。

2. 植物叶、根、种子等的显微镜结构观察

(1)迎春叶、针松叶横切制片观察。
(2)玉米、小麦颖果纵切制片观察。
(3)洋葱根尖纵切制片观察。

【作业与思考题】

(1)观察并绘制迎春叶和针松叶横切显微镜结构图。
(2)说明显微镜的使用注意事项。

实验二　植物细胞和组织观察

【实验目的】

通过实验观察，了解植物细胞的基本构造；识别植物主要组织的类型特征，为植物分类打基础。

【实验内容】

(1)在显微镜下观察洋葱鳞叶或白菜叶片的表皮细胞和番茄果的细胞，认识细胞的形态构造。

(2)观察植物各种组织的形态结构。

【实验用品】

生物显微镜、擦镜头纸、载玻片、镊子、解剖针、滴管、培养皿、蒸馏水、吸水纸、刀片、碘化钾溶液、绘图纸、铅笔、橡皮擦；洋葱鳞片、番茄果肉或白菜叶、山指甲叶或蚕豆叶、芹菜茎、南瓜茎、柑橘果皮或松树茎。

【原理方法】

植物表皮是由无数个蜂窝状的小腔所组成的，这一个个小腔就是一个个细胞。每个细胞具有以下四个基本组成部分。

(1)细胞壁。细胞壁是植物所特有的结构，由原生质体分泌的物质所形成，包围在细胞的最外层。

(2)细胞质。细胞质是在细胞壁以内、细胞核以外的无色透明体、半流动的胶状体，内含很多细小的颗粒，可用碘化钾溶液染成黄色。

(3)细胞核。细胞核为细胞质的稠密部分，幼嫩的细胞核位于细胞中央，成熟的细胞核常被液泡挤向一侧。细胞核常呈圆形或扁圆形，染色后颜色为深绿色。

(4)液泡。液泡为细胞中稀薄透明的部分，幼嫩细胞的液泡很小，成熟细胞的液泡较大，液泡内充满着细胞液。番茄果肉细胞的液泡明显。

图 1-2-1 所示为植物细胞的亚显微结构。图 1-2-2 所示为种子植物各种形态的体细胞。

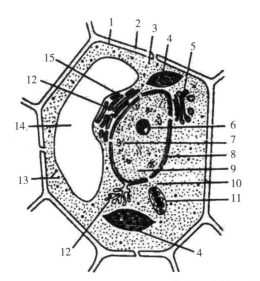

1. 细胞膜
2. 细胞壁
3. 细胞质
4. 叶绿体
5. 高尔基体
6. 核仁
7. 染色质
8. 核膜
9. 核液
10. 核孔
11. 线粒体
12. 内质网
13. 游离的核糖体
14. 液泡
15. 内质网上的核糖体

图 1-2-1　植物细胞的亚显微结构

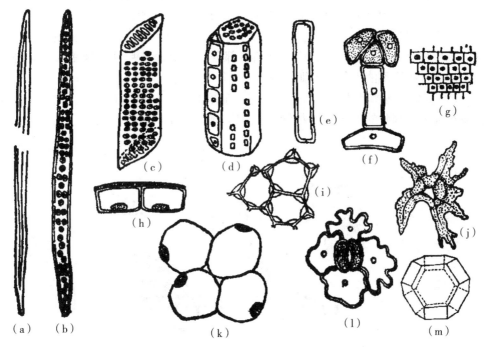

（a）纤维；（b）管胞；（c）导管分子；（d）筛管分子和伴胞；（e）木薄壁组织细胞；（f）分泌毛；
（g）分生组织细胞；（h）表皮细胞；（i）厚角组织细胞；（j）分枝状石细胞；（k）薄壁组织细胞；
（l）表皮和保卫细胞；（m）十四面体薄壁细胞图解

图 1-2-2　种子植物各种形态的体细胞（陆时万等，1991）

【操作步骤】

1. 植物细胞形态构造观察

(1)先将载玻片与盖玻片洗净，并用吸水纸擦干，然后用滴管在载玻片的中央滴一小滴蒸馏水。

(2)用镊子撕取洋葱鳞叶表皮或白菜叶的内表皮，切成 5mm 小块，平铺在滴有蒸馏水的载玻片上，如有不平，可用解剖针挑平。

(3)用镊子夹取盖玻片，使一边先接触载玻片上的水滴，然后慢慢盖上，防止产生气泡。应注意勿使材料溢出玻片外。

(4)将一滴碘化钾溶液滴在盖玻片的一侧，用吸水纸从盖玻片的另一侧吸引，使染液浸润标本的全部。

(5)用吸水纸擦干玻片与盖玻片周围的水，制成临时装片(图 1-2-3)。

(6)将制成的玻片标本放在低倍显微镜下观察，注意观察细胞的形状与排列方式。然后转换高倍镜观察细胞各部分的结构，可以看到植物表皮是由很多细胞组成的。选择 1~2 个典型的细胞，识别下列各部分：①细胞壁，两个相邻的细胞其细胞壁共有多少层？②细胞质，分布在什么地方？有什么特点？③细胞核，区分核膜、核质和核仁。为进一步看清细胞的各部分，可沿着玻片的边缘滴入碘化钾溶液，注意材料经碘液染色后，细胞各部分有什么变化。

(7)观察洋葱鳞叶表皮细胞后，可取番茄果肉少许制成临时装片，比较它们与洋葱鳞叶表皮细胞的形状、排列和颜色等都有哪些不同。

1. 滴(清水)；2. 取(洋葱膜)；3. 展(洋葱膜)；4. 盖(盖玻片)；5. 染(碘化钾溶液)

图 1-2-3 洋葱鳞片叶表皮细胞临时装片制作过程

2. 植物组织观察

(1) 分生组织的观察。取洋葱根尖切片，置于载物台上在显微镜下观察，可见根的前端为圆筒状，最前端为一帽状体称为根冠，在根冠之内包围着生长点，这部分就是分生组织。其细胞小、排列紧密、壁薄、核大、细胞质浓，由它可继续分生出分生组织，分生组织分布于植物茎或根的尖端的生长点，都是由具有分裂能力的细胞组成，能增加细胞的数量，使植物体伸长或加粗。如图 1-2-4 所示。

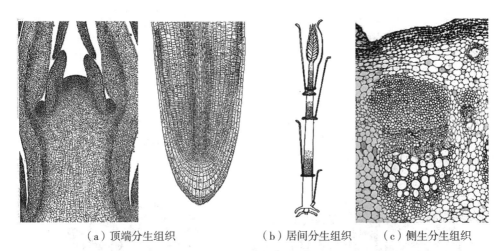

（a）顶端分生组织　　　　　　（b）居间分生组织　　　（c）侧生分生组织

图 1-2-4　分生组织

(2) 保护组织的观察。取叶的横切切片，如山指甲叶的横切片或蚕豆叶切片，在显微镜下观察可见，叶片上下两侧最外缘的细胞排列紧密，无细胞间隙，通常没有叶绿体，细胞壁外面常有一层角质层，有时表皮细胞可转化成表皮毛。在下表皮细胞之间可见两个形如半月形的细胞，称为保卫细胞。两个半月形细胞之间有一孔，称气孔。注意表皮细胞与保卫细胞的差别。蚕豆表皮切片可见保卫细胞、气孔和表皮细胞。保护组织是植物体部分器官的外表，具有保护作用的细胞群。图 1-2-5（a）所示为表皮，图 1-2-5（b）所示为周皮。

(3) 营养组织的观察。取叶片的横切片，如山指甲叶横切片，在显微镜下观察可见，表皮内侧具有叶绿体的细胞群就是营养组织。靠近上表皮的细胞呈圆柱形，内含较多的叶绿体。细胞排列整齐而间隙较小的一群细胞称为栅栏组织；靠近下表皮的细胞形状不规则，含有较少的叶绿体，排列疏松而间隙较大的一群细胞称为海绵组织。

营养组织又称基本组织或薄壁组织，在植物体的各个器官内，常分化出大量与

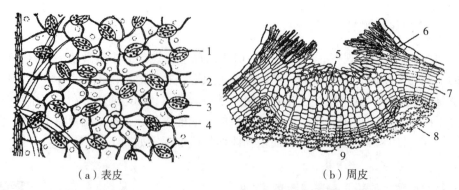

（a）表皮　　　　　　　　　　　　（b）周皮

1. 气孔保卫细胞；2. 单细胞表皮毛；3. 叶绿体；4. 腺毛；5. 补充细胞；

6. 表皮；7. 木栓层；8. 皮层薄壁细胞；9. 木栓形成层

图 1-2-5　表皮和周皮

营养有直接关系的营养组织，其细胞壁薄，有细胞间隙，间隙内可充满空气，原生质体中有大液泡，细胞体积大，多为等直径球形，具有同化、贮藏、通气和吸收等功能。如图 1-2-6 所示。

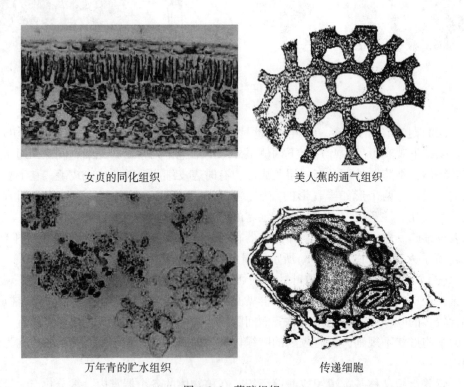

女贞的同化组织　　　　　　　　　　美人蕉的通气组织

万年青的贮水组织　　　　　　　　　传递细胞

图 1-2-6　薄壁组织

　　(4)机械组织的观察。取芹菜茎徒手切片，挑选最薄的切片进行观察，可见在表皮下方有些细胞局部加厚的厚角组织，注意这些组织分布的部位及其功能。机械组织在植物中起支持作用，其细胞壁常发生不同程度的增厚，细胞壁通常在彼此接触的角隅部分增厚，增厚部分成纵行的棱条状称为厚角组织，如图1-2-7所示。细胞壁全部增厚，细胞腔小，没有原生质体的机械组织，称为厚壁组织，如图1-2-8所示。

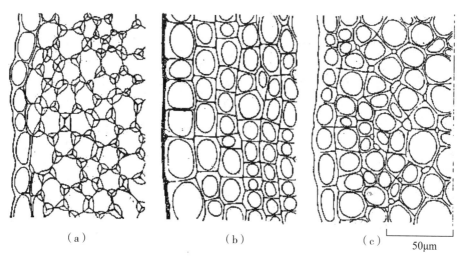

（a）　　　　　　　　　（b）　　　　　　　　　（c）　　50μm

厚角组织的三种类型：（a）角隅厚角组织(南瓜茎)；
（b）板状厚角组织(接骨木茎)；（c）腔隙厚角组织(莴苣茎)

图1-2-7　机械组织——厚角组织

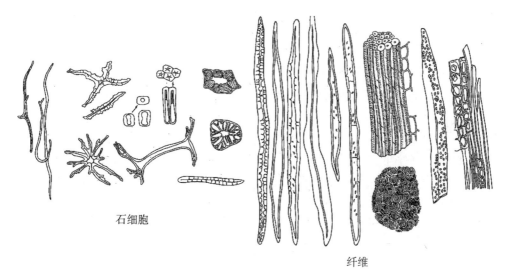

石细胞

纤维

图1-2-8　机械组织——厚壁组织

(5)输导组织的观察。取南瓜茎纵切片,在显微镜下观察,可看到很多长形的细胞,像一条管子,细胞壁不规则地加厚,往往呈螺纹状、环状或竹节状,这些就是输导水分的导管,有环纹、螺纹、阶纹导管之分;在韧皮部中可见到输送养料的筛管,也可见到筛板、筛孔和伴胞等。如图1-2-9所示。

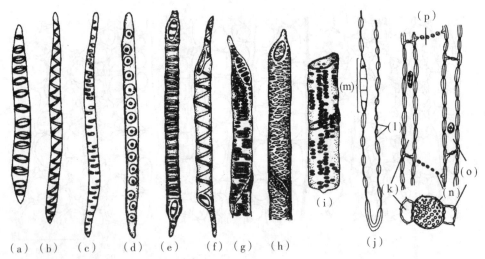

(a)环纹管胞;(b)螺纹管胞;(c)梯纹管胞;(d)孔纹管胞;(e)环纹导管;
(f)螺纹导管;(g)梯纹导管;(h)网纹导管;(i)孔纹导管;(j)筛胞;(k)伴胞;
(l)筛域;(m)射线;(n)筛板;(o)韧皮薄壁细胞;(p)筛管分子

图1-2-9 输导组织

(6)分泌组织的观察。分泌组织是指某些植物的体内或表面,具有分泌精油、树脂、乳汁、蜜汁和黏液等的细胞或细胞群,如图1-2-10所示。观察柑橘果皮的切片,注意它的分泌腔,也可观察松树茎横切片,见到松脂道。

【注意事项】

(1)在显微镜下观察洋葱鳞叶表皮和番茄果肉细胞时,应注意区分细胞和气泡,不要把气泡当作细胞。在显微镜下看到的气泡,由于与水的折光率不同,其外围为一黑圈,中间发亮,易区别。

(2)在观察植物组织时,要详细观察各种组织的特点,不要混淆。

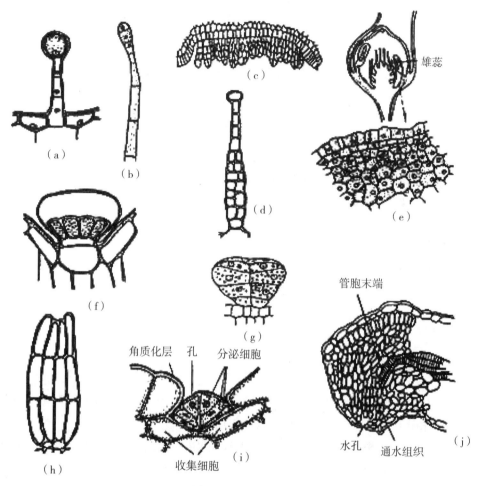

（a）天竺葵属茎上的腺毛；（b）烟草具多细胞头部的腺毛；（c）棉叶主脉处的蜜腺；

（d）蒿麻属花萼的蜜腺毛；（e）草莓的花蜜腺；（f）百里香叶表皮上的腺鳞；

（g）薄荷属的腺鳞；（h）大酸膜的黏液分泌毛；（i）柽柳属叶上的盐腺；（j）番茄叶缘的吐水器

图 1-2-10 分泌组织（徐汉卿，1996）

【作业与思考题】

（1）用铅笔绘出 2~3 个相邻的洋葱鳞叶表皮或番茄果肉细胞，并在其中一个细胞上注明各部分的名称：①细胞壁；②细胞质；③细胞核；④液泡。

（2）根据叶片的结构特征，如何识别叶的上下面？

（3）试述植物主要组织的特征。

实验三 植物根的形态观察

【实验目的】

学会使用科学的语言描述植物根的形态特征，了解根的基本形态和变态器官的形态特征，了解根和茎的主要区别。

【实验用品】

代表植物的实物标本（腊叶标本及活体标本），生物显微镜、解剖针、镊子、刀片等。

【实验内容】

1. 植物根和根系的形态观察

根是植物体的地下器官（除少数气生根外），其主要作用是固定、支持和从环境中吸收水分和营养，同时亦兼有贮藏的作用。

根可以分为主根、侧根和不定根。主根是胚根细胞的分裂和伸长所形成的向下垂直生长的根，是植物体上最早出现的根。侧根是主根生长达到一定长度，在一定部分上侧向从内部生出的许多支根，侧根和主根往往形成一定角度。侧根达到一定长度时，又能生出新的侧根，因此主根上生出的侧根可称为一级侧根，或者次生根；一级侧根上生的侧根称为二级侧根，依次类推。有些植物在主根和在主根所产生的侧根以外部分，如茎、叶、老根或胚轴上生出的根，统称为不定根（见图 1-3-1）。

不同植物主根的生长状况，各级侧根的生长和分枝样式以及所包含的不定根的数目不同，因此形成了不同类型的根系。根系有两种类型（见图 1-3-2）：有明显的主根和侧根区别的根系，称为直根系；无明显的主根和侧根区别的根系，或根系全部由不定根及其分枝组成，粗细相近，无主次之分，呈须状，称为须根系。

观察蚕豆、向日葵、玉米、小麦等植物的根系，区分主根、侧根和不定根，并判别其根系类型。

12

（a）常春藤枝上的气生根；（b）柳枝插条上的不定根；（c）玉米茎上的支柱根；
（d）老根上的不定根；（e）竹鞭上的不定根；（f）落地生根叶上小植株的不定根

图 1-3-1　不定根

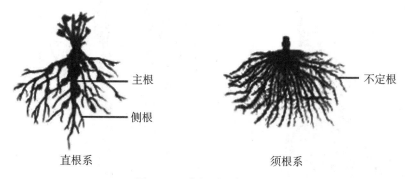

图 1-3-2　直根系和须根系

2. 变态根的观察

根的变态有以下几种主要类型。

（1）贮藏根，如肉质直根和块根（见图1-3-3）。肉质直根主根肥大，用于贮藏营养物质，如白萝卜、胡萝卜等。块根，着生在根部，由不定根或侧根加粗生长而成，在形态上不太规则，而且生成多个块根，用于贮藏营养物质，如番薯。

肉质直根 　　　　　　　　　　　　　　　块根

图 1-3-3　贮藏根

（2）气生根，为不定根变态，生长在空气中，有多种不同功能，包括以下几种：

支柱根：一些浅根系的植物，从茎周围长出许多不定根，向下深入土中，形成能够支持植物的辅助根系，如玉米（见图1-3-4）。

攀缘根：茎上长出的不定根，能分泌黏液，有固着作用，如常春藤（见图1-3-5）。

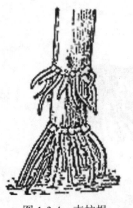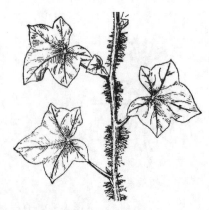

图 1-3-4　支柱根　　　　　　　　　图 1-3-5　攀缘根

呼吸根：茎下长出的不定根有呼吸功能，兼有固着作用，如红树林（见图1-3-6），吊兰气生根也有呼吸功能。

图1-3-6 红树植物的呼吸根

（3）寄生根（或称吸器）：茎缠绕在寄主的茎上，靠生出不定根吸收营养物质为生，如菟丝子（见图1-3-7）。

图1-3-7 菟丝子的寄生根

【作业与思考题】

（1）直根系和须根系相比，哪种根系的吸水效率更高？哪种根系的固着能力更强？

（2）举例说明所观察的变态根与功能的关系。

实验四　植物茎的形态观察

【实验目的】

学会使用科学的语言对植物茎的形态特征进行描述，了解茎的基本形态，了解茎变态器官的形态特征，了解根和茎的主要区别。

【实验用品】

代表植物的实体标本（腊叶标本及活体标本），生物显微镜、解剖针、镊子、刀片等。

【实验内容】

1. 茎的外形

茎是植物体地上部分的轴，着生叶和芽的茎称为枝条，叶与茎之间形成的夹角称为叶腋；着生叶的部分称为节，两节之间的部分称为节间。当叶脱落后，在节上留有痕迹即为叶痕，叶痕中的点状突起是枝条与叶柄之间维管束断离后留下的痕迹，称为维管束痕（简称束痕）；顶芽（腋芽）开放时，其芽鳞片脱落在枝条上留下密集痕迹，这种痕迹称为芽鳞痕。从枝条的外表上可以看见一些小型白色或褐色的皮孔，皮孔的形状、颜色和分布的疏密情况因植物而异。此外，有些植物的枝条上还有表皮毛、腺毛等多种类型的毛状附属物。以冬枝为例，茎的外形如图1-4-1所示。

取多年生木本植物如杨、桃、小叶黄杨等植物的枝条，观察其形态特征。先区分节和节间，再由枝顶端向枝基部观察，在枝条的顶端具有顶芽，在新开放的枝条与较老的枝条交界处有数圈密集环纹，是芽鳞痕，根据芽鳞痕的数目能够判断枝条的年龄，再用放大镜观察枝条上的皮孔。

大部分植物的茎为圆柱形，少数植物具有方柱形、三角形的茎。观察益母草等唇形科植物的方柱形茎和莎草科植物的三角形茎。

在木本植物中，节间伸长显著的枝条，称为长枝，节间短缩的枝条称为短枝，短枝上的叶因节间缩短而成簇生状态,长枝多为营养枝,短枝多为生殖枝。观察银杏的枝条,注意区分植物的长枝与短枝(见图1-4-2)。

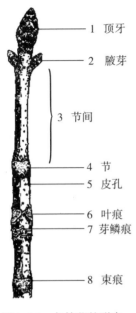

图 1-4-1　冬枝茎的形态

1　顶牙
2　腋芽
3　节间
4　节
5　皮孔
6　叶痕
7　芽鳞痕
8　束痕

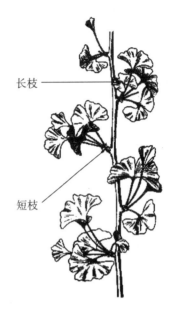

图 1-4-2　长枝与短枝

长枝
短枝

2. 植物芽的形态和结构的观察

芽是处于幼芽而未伸展开的枝、花或花序。按照芽的生长位置可将芽分为定芽(包括顶芽和腋芽,被叶柄膨大的基部覆盖的腋芽称为叶柄下芽)与不定芽;按照发育性质可将芽分为叶芽(一般小而瘦)、花芽(一般大而圆)和混合芽;根据有无芽鳞可将芽分为鳞芽和裸芽;根据芽活动能力可将芽分为活动芽和休眠芽。

观察桃、紫穗槐、落地生根、悬铃木等植物的芽,根据芽着生的位置区别出顶芽与侧芽(腋芽)。桃的芽通常三个并生,中间一个是主芽,两旁的芽是副芽(花芽);紫穗槐的腋芽上下排列,上面的芽是副芽,下面的芽是主芽;落地生根在叶缘上着生的芽称为不定芽,它着地后长成一株小植物;观察悬铃木的叶柄下芽。

根据芽外面是否具有芽鳞,区分鳞芽与裸芽。

将桃、杨、紫藤等植物枝条上的芽纵切,用镊子轻轻剥去芽鳞,在放大镜下观察,判断花芽、腋芽和混合芽。

3. 茎的分枝方式

茎的分枝具有一定的规律性，可分为二叉分枝、假二叉分枝、单轴分枝、合轴分枝等方式（见图1-4-3）。观察杨、柳、榆、丁香等的枝条分枝方式。

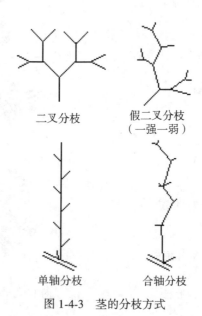

二叉分枝　　　　　假二叉分枝
　　　　　　　　　（一强一弱）

单轴分枝　　　　　合轴分枝

图 1-4-3　茎的分枝方式

二叉分枝：比较原始的分枝方式，分枝时顶端分生组织平分为两半，每半各形成一小枝，并且在一定时候又进行同样的分枝。苔藓植物和蕨类植物具有这种分枝方式。

假二叉分枝：叶对生的植株，顶端很早停止生长，成为两个，开花以后，顶芽下面的两个侧芽同时迅速发育成两个侧枝，很像两个叉状的分枝，称为假二叉分枝。这种分枝，实际上是合轴分枝的变型，与真正的二叉分枝有根本区别。假二叉分枝多见于被子植物木犀科、石竹科，如丁香、茉莉、石竹等。

单轴分枝：顶芽不断向上生长，成为粗壮主干，各级分枝由下向上依次细短，树冠呈尖塔形，多见于裸子植物，如松杉类的柏、杉、水杉、银杉，以及部分被子植物，如桃、李、苹果、马铃薯、番茄、无花果、桉树等。

禾本科植物的分枝比较特殊，特称为分蘖（见图1-4-4）。这些植物在四五叶期，茎基部分的某些腋芽发育为新枝，同时在发生新枝的节上形成不定根，新枝的基部以后还可再形成新枝。观察禾本科植物小麦的分蘖，在小麦茎的基部靠近地面或埋在土壤中的几个节膨大，向上产生腋芽，向下产生不定根。产生分蘖的地方就称为分蘖节, 分蘖的发生是有一定顺序的。

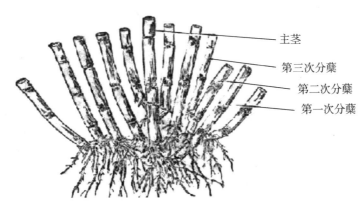

图 1-4-4　禾本科植物的分蘖

4. 茎的质地

茎的质地是鉴别植物的重要依据, 不同植物茎的木质化程度差异很大, 据此可将植物分为木本植物和草本植物。木本植物的茎含有大量的木质素, 一般比较坚硬, 可以分为乔木和灌木; 草本植物含很少的木质素, 可分为一年生草本、二年生草本和多年生草本。观察柳、女贞、蚕豆、小麦等植物, 区别木本植物和草本植物。

5. 茎的生长习性

在长期的进化过程中, 不同植物的茎形成了不同的生长习性, 以适应外界环境, 使叶在空间合理分布, 尽可能充分地接收日光照射, 制造自身生活需要的营养物质, 并完成繁殖后代的生理功能。茎的生长方式主要包括四种类型: 直立茎、缠绕茎、攀缘茎和匍匐茎, 如图 1-4-5 所示。观察松、蔄蓄、藜、牵牛、葡萄、南瓜、爬山虎等植物的茎。

6. 茎的变态

地下茎的变态有如下几种:
(1) 根状茎: 匍匐生长于土壤之中, 是很像根的一种地下茎, 如藕、芦苇、竹等。(见图 1-4-6(a)、(b))
(2) 鳞茎: 是扁平或圆盘状的地下茎, 节间极度短缩, 顶端有一个顶芽, 称为鳞茎盘, 上生许多层鳞片状叶, 叶腋可生腋芽, 如洋葱、大蒜、水仙、百合等。(见图 1-4-6(c))

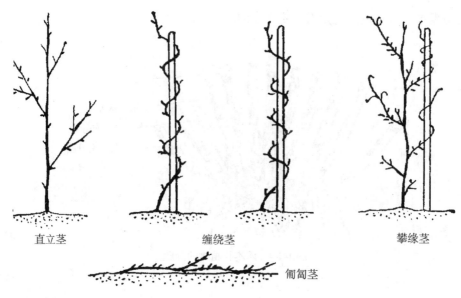

图 1-4-5　茎的生长习性

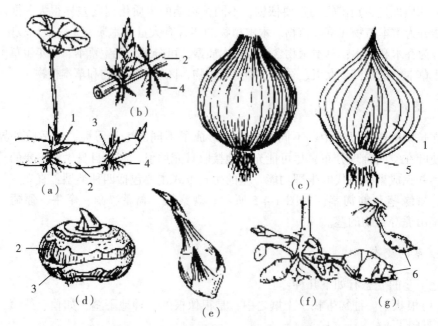

(a)、(b)根状茎((a)莲,(b)竹);(c)鳞茎(洋葱);(d)、(e)球茎
((d)荸荠,(e)慈姑);(f)、(g)块茎((f)菊芋,(g)甘露子)

1. 鳞叶; 2. 节间; 3. 节; 4. 不定根; 5. 鳞茎盘; 6. 块根

图 1-4-6　地下茎的变态

（3）球茎：主茎基部膨大呈球状，其上具有节、腋芽、不定根及退化的鳞片，主要用于贮藏营养物质，如芋头、甘蓝等。（见图1-4-6(d)、(e)）

（4）块茎：为短粗的肉质地下茎，常呈球形、椭圆形或不规则块状，贮藏有丰富的营养物质，如马铃薯、姜等。（见图1-4-6(f)、(g)）

地上茎的变态有如下几种：

（1）茎刺（又称枝刺）：由茎变态成具有保护功能的刺，如山楂、皂荚等（图1-4-7(a)、(b)）。

（2）茎卷须：茎端变态，形成茎卷须，用于攀缘其他物体，如葡萄、黄瓜等（图1-4-7(c)）。

（3）叶状茎（枝）：茎扁化变态成绿色的叶状体，用于光合作用合成有机物，如竹叶蓼、令箭荷花等（图1-4-7(d)、(e)）。

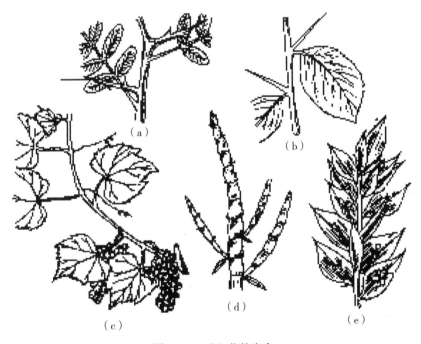

图1-4-7　地上茎的变态

【作业与思考题】

（1）将观察的几种植物的茎按照其形态、质地和生长习性填入表1-4-1中。

表 1-4-1　　　　　　　　　　　　　　植物茎的特征

植物名称	茎的性质	茎的质地	生长习性	分枝方式

(2)举例说明所观察的植物茎的变态与功能的关系。

实验五　植物叶的形态观察

【实验目的】

学会使用科学的语言对植物叶的形态特征进行描述；通过对各类实体(活体或标本)的观察，了解叶的组成和形态，叶序及叶的类型；掌握各种叶型的主要特点。

【实验用品】

代表植物的实物标本(腊叶标本及活体标本)，生物显微镜、解剖针、镊子等。

【实验内容】

1. 叶的组成和形态

叶一般由叶片、叶柄和托叶三部分组成。禾本科植物的叶由叶片和叶鞘两部分组成，叶片和叶鞘接连处为叶枕，两侧有叶耳，腹面有叶舌。叶的形态包括叶片、叶尖、叶基、叶缘、叶脉等(见图 1-5-1)。叶脉有网状脉、三出脉、直出平行脉、侧出平行脉等类型(见图 1-5-2)。

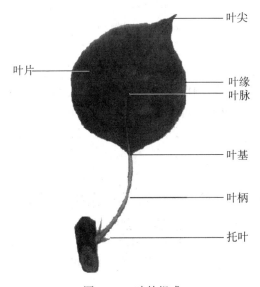

图 1-5-1　叶的组成

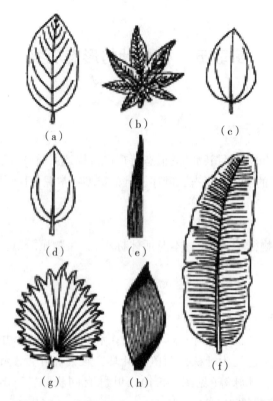

(a)羽状网状脉；(b)掌状网状脉；(c)掌状三出脉；(d)离基三出脉；
(e)直出平行脉；(f)侧出平行脉；(g)射出平行脉；(h)弧形平行脉

图 1-5-2 叶脉的类型

叶柄的形态和长度也是识别植物的根据。叶柄分为圆形叶柄(如鹅掌楸)、上下压扁形叶柄(如香樟)、两侧压扁形叶柄(如加拿大杨)。复叶总叶柄有翅(如枫杨、盐肤木)；叶柄基部具鞘(如竹类、胡萝卜)；叶柄上面具纵槽(如榕树)。托叶形态变化比较多样。

2. 叶序

叶在茎上具有一定规律的排列方式，称为叶序。常见类型(图 1-5-3)如下：

(1)互生：每节着生 1 片叶(图 1-5-3(a))，如香樟等。

(2)对生：每节相对着生 2 片叶(图 1-5-3(b))，如女贞等。

(3)轮生：每节着生 3 片或 3 片以上的叶(图 1-5-3(c))，如夹竹桃、猪殃殃等。

（a）　　　　　　　　　（b）　　　　　　　　　（c）

（d）　　　　　　　　　　　（e）

图 1-5-3　叶序的类型

　　（4）基生：植物无明显的地上茎，叶从植株贴地面的基部生出（图 1-5-3（d）），如蒲公英等。

　　（5）叶簇生：节间极度缩短的短枝上丛生两片或两片以上的叶（图 1-5-3（e）），如金钱松、银杏等。

　　3. 叶的类型

　　（1）单叶：一个叶柄上仅生一个叶片的叶，如桃、杨、柳、樟等。

　　（2）复叶：在一个共同的叶柄上着生 2 个及以上叶片的叶。复叶的叶柄称为叶轴或总叶柄，叶柄上所生的许多叶片称为小叶，小叶的叶柄称为小叶柄。根据小叶在总叶柄上的排列方式，可将复叶分为多种类型：羽状复叶、掌状复叶、三出复叶、单身复叶，见图1-5-4。

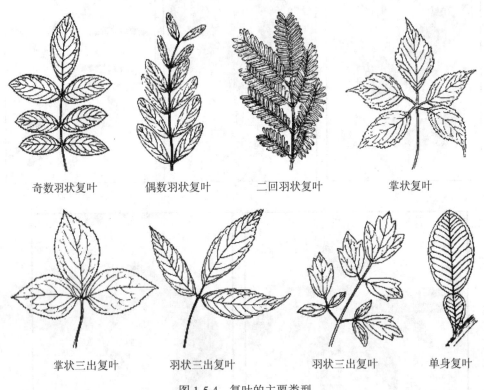

| 奇数羽状复叶 | 偶数羽状复叶 | 二回羽状复叶 | 掌状复叶 |

| 掌状三出复叶 | 羽状三出复叶 | 羽状三出复叶 | 单身复叶 |

图 1-5-4　复叶的主要类型

4. 叶的变态

叶的变态可分为以下几类：

(1)苞叶：玉米雌穗基部密生叶子形成苞叶，苞叶紧包雌花蕾，具有保护功能(图 1-5-5(a))。

(2)鳞叶：洋葱鳞片主要用于储藏营养物质，外部鳞叶具有保护功能(图 1-5-5 (b))。

(3)叶卷须：由叶或叶的一部分变成卷须，如豌豆复叶顶端2~3对小叶形成叶卷须，能攀缘在其他物体上，具有支持作用(图 1-5-5(c))。

(4)叶刺：仙人掌叶刺具有保护功能，洋槐复叶叶柄基部托叶变态形成托叶刺，同样具有保护功能(图 1-5-5(d))。

（5）捕虫叶：猪笼草叶变态成瓶状，顶部还有一小盖，用于捕食昆虫（图 1-5-5（e））。

（6）变态叶柄：新鲜水葫芦叶柄变态呈囊状，用于贮藏空气（图 1-5-5(f)）。

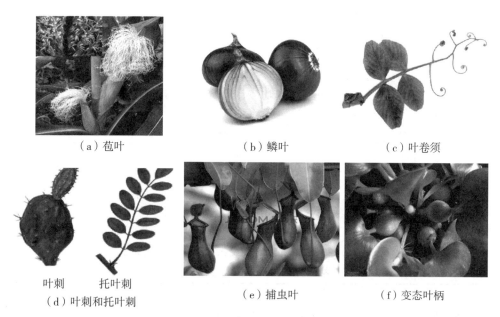

（a）苞叶　　　　　　　　（b）鳞叶　　　　　　　　（c）叶卷须

叶刺　　托叶刺
（d）叶刺和托叶刺　　　　（e）捕虫叶　　　　　　　（f）变态叶柄

图 1-5-5　叶的变态

【作业与思考题】

（1）观察新鲜植物的叶片，如女贞、香樟、银杏、夹竹桃、马齿苋、益母草、百合、小麦、蒲公英、刺槐等，分别描述其形态，并将观察的几种植物叶的形态特征填入表 1-5-1 中。

表 1-5-1　　　　　　　　　　　　植物叶的特征

植物名称	
形态	
叶序	
单叶或复叶	

叶片	形状	
	叶尖	
	叶缘	
	叶基	
	叶裂	
	叶脉	
	叶质	
叶柄	有或无	
托叶	有或无	
叶鞘	有或无	
叶舌	有或无	
叶耳	有或无	
完全叶或不完全叶		

（2）举例说明所观察的叶的变态与功能的关系。

实验六　植物繁殖器官的形态观察

【实验目的】

掌握花的基本形态，学会正确描述花的方法。通过比较观察花的组成部分，理解花形态的多样性。了解果实基本形态与特征。掌握各类种子的形态特征和结构。

【实验用品】

代表植物的实体标本，放大镜、解剖针、镊子等。

【实验内容】

1. 花和花序的形态观察

在被子植物中，一朵完整的花由花柄、花托、花被、雄蕊、雌蕊组成。一朵花如果同时具有花萼、花冠、雄蕊、雌蕊四个部分，称为完全花，缺少其中任一部分都称为不完全花；通过花的中心可做几个对称面(辐射对称)的花称为整齐花，通过花的中心只可做一个对称面(两侧对齐)的花称为不整齐花，这主要是由于花的某一轮器官的形状和大小不同。花的结构如图 1-6-1 所示。

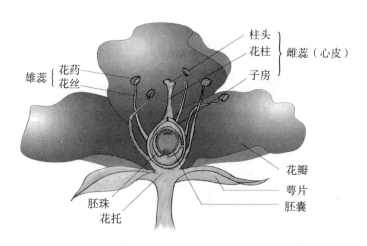

图 1-6-1　花的结构图

根据花中雄蕊、雌蕊的有无，把花分为两性花、单性花、无性花（中性花）三类。

根据花被的有无和分化的情况，可将花分为重被花、单被花和裸花（或无被花）。

花冠类型、雄雌群类型、花药开裂的方式和着生方式、雌蕊类型、子房在花托上的位置、胎座类型、胚珠类型等均是被子植物分类的重要依据。

有些被子植物的花单生长于枝顶或叶腋的部分，称为单生花，如玉兰、桃；大多数被子植物的花则按一定规律排列在总花柄上，称为花序，总花柄称为花序轴或花轴。每一朵花的花柄或花序轴基部有苞片，有的苞片密集在一起形成总苞，如向日葵。根据花序轴分枝的方式和开花的顺序，可将花序分为无限花序和有限花序两类。

（1）无限花序：花朵由下往上或自外侧向内侧开花，只要花轴不断生长，就可以不断开花。

无限花序主要包括以下几类（图 1-6-2）：

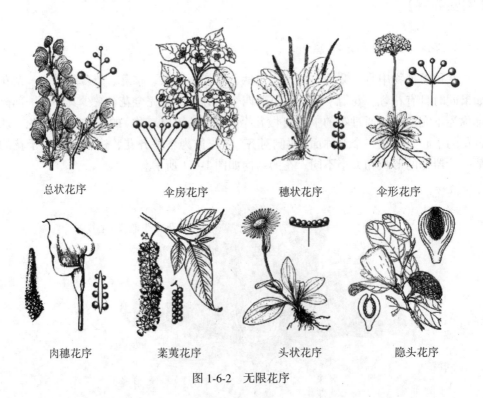

总状花序　　　　伞房花序　　　　穗状花序　　　　伞形花序

肉穗花序　　　　葇荑花序　　　　头状花序　　　　隐头花序

图 1-6-2　无限花序

①总状花序：花轴单一、较长，自下而上依次着生有柄的花朵，各花柄长短相

当，如荠菜、油菜的花序。

②伞房花序：为变形的总状花序，区别于总状花序的特点在于着生在花轴上的各花花柄长短不一，下层的花柄较长，花梗由下向上渐短而形成平头状的花簇，如梨、苹果、樱花的花序。

③穗状花序：花轴上的小花为两性花且没有花梗，花轴直立、较长，如车前草。

④伞形花序：花序轴较短，大多数花着生在花轴顶端。每朵花的花柄较长，各花在花轴顶端排列成圆顶状，如芹菜、葱等。

⑤肉穗花序：基本结构和穗状花序相同，所不同的是花轴短粗，肥厚而肉质花，如芋头、半夏等。

⑥葇荑花序：花轴上的小花为单性花，多无花梗，或花梗短，如杨、柳等。

⑦头状花序：花序轴极度缩短而膨大，扁形，铺展，各苞叶常聚成总苞，如菊花、向日葵等。

⑧隐头花序：花序特别肥大而呈凹陷状，很多小花着生在凹陷的腔壁上，几乎全部隐没不见，仅留一小孔与外方相通，小花多为单性，如无花果等。

上述各种花序轴都不分枝，为简单花序。另外一些无限花序的花轴具有分枝，每一分枝又呈现上述各种简单花序之一，称为复合花序。包括圆锥花序(复总状花序)(如稻)、复穗状花序(如小麦)、复伞形花序(如胡萝卜)、复伞房花序(如花楸)和复头状花序(如合头菊)。

(2)有限花序：花轴由于顶花的开放而限制了花轴的继续生长。各花的开放是由上而下、由内而外的。

有限花序主要包括以下几种(见图 1-6-3)：

①单歧聚伞花序：主轴的顶端先生一花，然后在顶花的下面主轴的一侧形成一侧枝，同样在枝端生花，侧枝上又分枝着生花朵，整个花序是一个合轴分枝，如唐菖蒲。

②二歧聚伞花序：顶花的两侧各生一枝，枝的顶端生花，每枝再在两侧分枝，如此反复进行，如大叶黄杨。

③多歧聚伞花序：主轴的顶端发育一花后，顶花下的主轴上又分出三个以上的分枝，各分枝又自成一小聚伞花序。

(3)禾本科植物的花。

禾本科植物的花多呈复穗状花序，每个小穗包括外颖(内含发育正常能结实的小花)和内颖(内含发育不正常不能结实的小花)，每朵小花由外稃(苞片)、内稃(小苞片)、浆片(花被)、雄蕊和雌蕊组成。如图 1-6-4 所示。

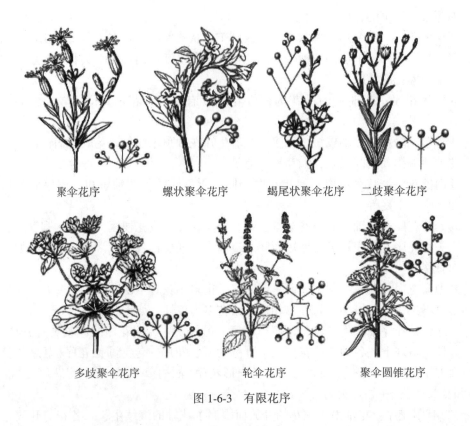

聚伞花序　　螺状聚伞花序　　蝎尾状聚伞花序　　二歧聚伞花序

多歧聚伞花序　　　　轮伞花序　　　　聚伞圆锥花序

图 1-6-3　有限花序

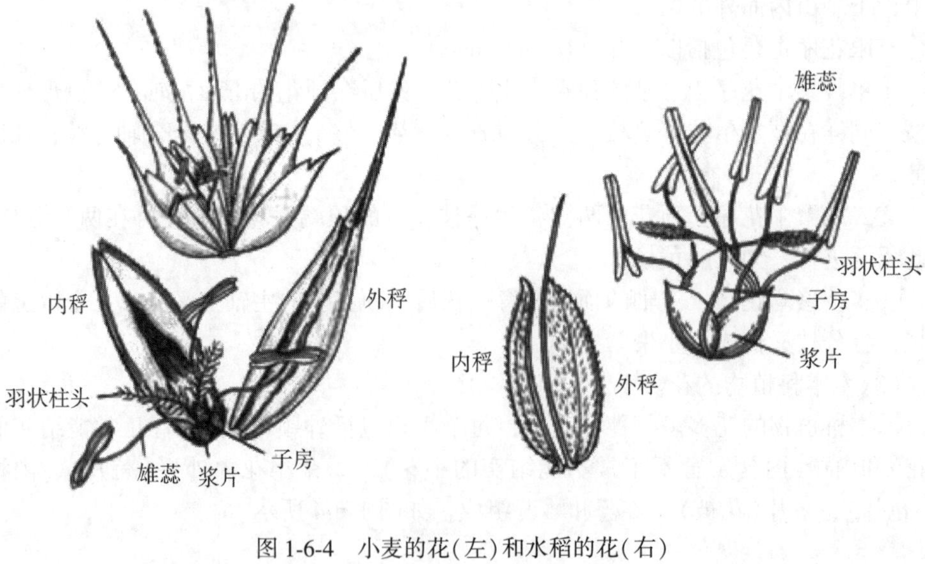

图 1-6-4　小麦的花(左)和水稻的花(右)

2. 花的解剖方法

花的解剖方法有两种：一种是过花的中轴纵切剖；另一种是自外向内按排序剥取花的部分。剖开花时，雌蕊较小，注意从形态和结构上分辨单雌蕊、离生雌蕊和复雌蕊。合生心皮可以通过分离的柱头或花柱判断心皮的数目，也可以通过横剖子房观察，这样既可以了解心皮的数目，又可以观察到不同的胎座类型。

仔细观察玉兰、桃、梨、玫瑰、一串红、牵牛、木槿、油菜、诸葛菜、菊花、无花果、唐菖蒲、石竹、一品红、益母草、牛筋草等植物花的形态和结构特点。

3. 果实的形态观察

被子植物的果实是鉴别科属不可缺少的特征。果实分为三类：单果、聚合果和聚花果（复果）。

（1）单果：一朵花中只有一枚雌蕊，也只形成一个果实，其中单果根据果皮的性质又可分为肉果和干果两类。

①肉果：果实成熟后肉质肥厚，包括浆果、瓠果、柑果、核果和梨果。

浆果：由一个或几个心皮形成的果实，是肉果中最常见的一种，如葡萄、番茄等。

瓠果：果实的肉质部分由子房和花托共同发育，如大多数瓜类。

柑果：由多心皮具有中轴胎座的子房发育而成，外种皮坚韧革质，有很多油囊分布，如柑橘、柠檬等。

核果：果实由一心皮、一心室的单雌蕊发育而成，通常含有一枚种子。核果的三层果皮明确可分，外果皮极薄，中果皮肉质，内果皮细胞木质化，形成坚硬的核，包在种子的外面，如桃、杏等。

梨果：这类果实多为具有子房下位花的植物所有，果实由花筒和心皮部分愈合后共同形成，如梨、苹果等。

②干果：果实成熟后果实干燥无汁。干果包括裂果和闭果，前者又包括荚果、蓇葖果、蒴果、角果，后者包括瘦果、颖果、翅果、坚果和双悬果。

荚果：由单心皮发育而成的果实，果实成熟后果皮沿着背缝线和腹缝线两面开裂，如决明子、豌豆等。有的并不开裂，如落花生。

蓇葖果：由单心皮或离心皮发育而成的果实，果实成熟后只由一面开裂，如白玉兰、牡丹等。

蒴果：由复雌蕊发育而成的果实，子房一室或多室，每室含种子多粒，如鸢尾、罂粟等。

角果：由二心皮组成的雌蕊发育而成的果实，子房一室，后来由心皮边缘合生处向中央生出隔膜，将子房分割成二室，果实成熟后，从腹缝线开裂，两片脱落，

33

只留假隔膜，种子附着在假隔膜上，如油菜、荠菜等。

瘦果：由一心皮发育而成的果实，只含一粒种子，果皮和种皮分离，如荨麻等。

颖果：果皮薄，革质，只含一粒种子，果实与种皮紧密愈合，难以分离，果实小，是水稻、小麦、玉米等禾本科植物特有的果实类型。

翅果：其本身属于瘦果性质，但果皮延展成翅状，有利于种子的传播，如枫杨、臭椿等。

坚果：外果皮坚硬木质，含一粒种子的果实。成熟的果实多附有原花序的总苞，称为壳斗。通常花序中仅有一个果实成熟，如榛子；也有二三个果实成熟的，如板栗。由三心皮形成的荞麦果实也属坚果。

双悬果：由二心皮的子房发育而成的果实，果实成熟后心皮分离成二瓣，并列悬挂在中央果柄的上端，种子仍包于心皮中，以后脱离，果实干燥，不分裂。伞形科植物的果实大多属这一类，如胡萝卜、小茴香等。

（2）聚合果：指一朵花中有许多离生雌蕊，以后每一个雌蕊形成一个果实，相聚在同一花托之上的果实。

（3）聚花果：指果实由整个花序发育而来，花序参与果实的组成部分的果实。

观察玉兰、八角、葡萄、番茄、西瓜、橘、梨、花生、荠菜、油菜、牵牛、向日葵、玉米、板栗、红枫、榆树、胡萝卜、草莓、无花果、桑葚、凤梨等植物果实的主要特点，识别和判断不同类型的果实。

4. 种子的形态观察

观察蓖麻、大豆、玉米、银杏等植物的种子，区别种皮、胚乳、子叶和胚，比较不同植物种子在形态和结构上的差异。

【作业与思考题】

（1）将观察的几种植物的花和花序填入表 1-6-1 中。

表 1-6-1　　　　　　　　　　花的形态特征

植物名称	花冠类型	雄蕊群类型	雌蕊群类型	子房位置	胎座位置	花序类型

植物名称	花冠类型	雄蕊群类型	雌蕊群类型	子房位置	胎座位置	花序类型

（2）将观察的几种植物的果实形态填入表 1-6-2 中。

表 1-6-2 　　　　　　　　　　　　**果实的形态**

植物名称	真果/假果	单果/聚合果/聚花果	果皮性质	开裂情况

实验七　植物类群和校园植物观察

【实验目的】

进行校园植物观察，识别常见的校园植物；了解孢子植物和种子植物各大类群的基本特征及一些代表植物种类。为植物地理实习和野外调查打基础。

【实验内容】

观察校园或附近地区的孢子植物、裸子植物和被子植物的代表种，了解其类群的基本特征及对环境的适应性。

【实验用品】

放大镜、解剖针、刀片、镊子、培养皿、载玻片、滴管等，以及各种植物类群代表性实物标本。

【原理方法】

1. 孢子植物的观察

（1）藻类：藻类具有叶绿素，能进行光合作用，分布于世界各地，为低等植物。如水绵，它没有真正的根、茎、叶器官分化，但具有细胞核和叶绿素，能进行光合作用制造有机物。

（2）真菌：真菌植物体只有少数原始种类是单细胞的，大多数种类的营养体都发展成为分枝或不分枝的丝状体。每一根丝叫菌丝，组成一个植物体所有的菌丝叫作菌丝体。真菌均为异养植物，营寄生或腐生生活。如面包霉，是有细胞核并营异养生活的低等植物。

（3）苔藓植物：苔藓植物是高等植物中脱离水生进入陆地生活的原始类型。其植物体都很矮小，通常为叶状或有类似茎叶分化。假根由单个细胞或一列细胞所组成，吸收作用微弱。类似茎、叶的部分，多由薄壁细胞所组成，无维管束构造。如苔纲植物多为左右对称的叶状体，有背腹型的构造，叶状体由 1~2 层细胞所构成，中肋一般不明显；观察苔藓的原叶体，可见到幼小的新植物在母体上。

（4）蕨类植物：其叶大型，叶脉有多种类型。在叶的下面或边缘聚生着许多孢子囊群，或单独聚生成孢子囊穗。取蕨类羽叶观察叶脉和孢子囊群的分布情况，以及取蕨的原叶体观察，可见到幼小的新植物在母体上长大成形的情况。

2. 裸子植物的观察

裸子植物的种子没有被果皮包被，常见的裸子植物有：

（1）苏铁科：苏铁科的苏铁又称铁树，为常绿乔木，茎不分枝，茎顶丛生大羽状复叶。

（2）银杏科：银杏科的银杏又称白果树或公孙树，为落叶乔木，枝条有长短之分，长枝上的叶为互生，短枝上的叶为丛生，叶为扇形，顶端分裂，具有二叉状平行叶脉。

（3）松科：松科的马尾松为常见乔木，叶细长柔软，呈长针形，通常两个针叶组成一束，叶基具叶鞘，叶边缘有锯齿，果鳞背面扁平，鳞脐不突起，每果鳞内含有两粒具翅的种子，它喜生于酸性土，是华南荒山主要造林树种之一。

（4）杉科：杉科的代表植物杉木为常绿乔木，叶为线状针形，叶背具有两条白色气孔，叶在茎上呈螺旋状排列，在侧枝上常扭转为二列状，叶缘有细锯齿，顶端尖锐。球果有短柄，略为卵圆形，果鳞革质，黄褐色，尖头卵形，各果鳞有种子 2 或 3 粒；种子扁平，长圆形。杉木喜生于不太寒冷和不过热的地区，为我国长江以南地区最重要的造林树种。此外，杉科的水松为落叶乔木。叶有三型：有冬芽的小枝具鳞形叶，基部下延，冬季宿存；侧生小枝的叶为线状叶，两侧扁，常排列成羽状，冬季脱落；在萌蘖枝或幼枝上还有锥尖状叶，它比鳞片状叶长得多。雌雄同株，球花单生枝顶，雌球花为卵状椭圆形。球果为倒卵圆形，种子基部有向下的长翅，它是一孑遗植物。

（5）柏科：柏科的侧柏为常绿乔木，小枝扁平，分枝在一个平面上，鳞片状叶交互对生，紧贴在小枝上，具有腺点；球果为卵圆球形，每个果鳞顶端有一个反卷尖钩，每个果鳞含 2 粒种子，顶端一对果鳞无种子，种子无翅。圆柏为常绿乔木，树冠呈尖塔形，具二形叶：针叶与鳞叶，针叶为三叶轮生，有两条气孔带；鳞叶交互对生；球果球形，紫黑色，具白粉。

3. 被子植物的观察

被子植物的种子被果皮包围，可分为双子叶植物和单子叶植物。

1）双子叶植物的观察

（1）十字花科：取菜心、芥蓝、荠菜的植株或标本观察，首先观察其总状花序,然后取一朵花,放在培养皿中,观察十字形花冠,再剔去相邻的两个花瓣,可见两个短雄蕊和四个长雄蕊,即四强雄蕊。并观察其子房的位置,看是否上位子房。再取菜心的果实看其是不是长角果,注意其形状,子房室数,如何开裂?胚珠多少?然后对比荠菜短角果的标本,注意有何异同。

(2)樟科:取樟树或阴香以作樟科的代表植物。首先取其枝条观察,注意叶片的叶脉如何分布?是否三出脉?叶面有没有腺体?它们的枝叶是否有芳香味?然后取樟树花观察,可看到它的花较小,注意观察花被有多少个?有没有花冠与花萼之分?花被排成几轮?再将一朵樟树花放入解剖镜中仔细观察花被内面的雄蕊数目与排列情况。雄蕊一般排成四轮。第一轮雄蕊与第二轮的花药内向;第三轮雄蕊花药外向,并在花丝上有两个腺体;第四轮雄蕊退化。除退化雄蕊外,其他各个雄蕊的花药均为四室,且瓣裂。然后将所有的雄蕊除掉,便可看到在花的中央有一个雌蕊,注意子房的位置,且将它作一横切,观察它有多少室,并观察樟树果的形态类型。

(3)豆科:①含羞草亚科的代表植物。首先注意观测台湾相思或含羞草的头状花序,然后取一朵花放在解剖扩大镜下观察,注意辐射对称的花冠和多数雄蕊,花丝基部连合。②苏木亚科的代表植物。取洋紫荆或黄槐的花进行解剖观察,注意花的构造。假蝶形花冠的排列,与菜豆或刺桐的花进行比较,观察有什么区别。③蝶形花亚科的代表植物。取龙芽花、菜豆、刺桐的花各一朵,解剖观察花的各部。观察5个不等大的萼片和5个覆瓦状排列的花瓣。

2)单子叶植物的观察

(1)百合科:取百合花一朵,观察其三基数的花部,花萼3枚,呈花瓣状,花瓣3片,与萼片交错排列;花药6个丁字形着生;雌蕊3枚,心皮合生,子房上位。3室,每室有胚珠多个,中轴胎座。果实为蒴果。

(2)禾本科:取小麦花序进行观察。其花小,而且与一般的花不同,它的花序(麦穗)的基本单位为小穗,小穗本身就是一个穗状花序,而麦穗是由很多小穗组成的复穗状花序。小穗以侧面对向穗轴,取下一个小穗观察,最外两个是颖片,靠下的一个是第一颖片,即外颖片,较上的一个是第二颖片,即内颖片,两个颖片之间着数花,通常两三朵花结实,顶端花退化。

从小穗上取下一朵进行观察,外面较大而且有长芒的一片,叫外稃,内面较小而成膜质透明的一片是内稃,在外稃与内稃之间包含有3个雄蕊、1个雌蕊,雌蕊有2个羽状柱头,花柱很短。子房由2个心皮合成一室,内含种子1粒,在子房的基部有2个多毛的白色浆片。

取一小麦果实进行观察,小麦的果实称颖果,通常所谓"种子"实际是颖果。

果皮与种皮合生，不易分开，由2个合生的心皮发育而成，内含种子1粒，胚位于基部，仅有1个子叶，种子的大部分是胚乳，顶端还有一撮细毛。整个颖果，一面有沟，一面凸起。

【作业与思考题】

(1)试比较苔藓植物与蕨类植物的形态特征。

(2)裸子植物的主要特征是什么？

(3)双子叶植物与单子叶植物有何区别？

(4)写出十字花科、豆科的主要特征。

(5)禾本科植物的主要特征是什么？

(6)熟记所讲解的校园植物的种名和科名。

实验八　植物标本的采集、制作和保存

【实验目的】

通过植物标本的采集、制作和保存的讲解及实践操作，掌握植物标本的采集、制作和保存方法。

【实验用品】

标本夹、采集箱、丁字小稿、枝剪、手锯、放大镜、气压计、全球定位仪、钢卷尺、照相机或数码相机、望远镜、塑料广口瓶、乙醇、甲醇、吸水纸、号签、野外记录签、定名签、小纸袋、地图等。

1. 植物标本的采集方法

1）植物标本采集的时间和地点

各种植物生长发育的时间长短不一，因此必须在不同的季节和不同的时间进行采集，才能获得各类不同时期的标本。采集的地点亦很重要，不同的环境，生长着不同的植物，例如，阳坡与阴坡的植物，山区与平原的植物必然是有差别的。因此，在采集植物标本时，必须根据采集的目的和要求，确定采样时间和地点，这样才可能采到需要的和不同类群的植物标本。

2）种子植物标本采集应注意的问题

（1）必须采集完整的标本。剪取或挖取能代表该种植物的带花果的枝条或全株，大小在长40cm、宽24cm范围内。有的科如伞形科、十字花科等植物，如没有花、果，鉴定是很困难的。

（2）对一些具有地下茎（如鳞茎、块茎、根状茎等）的科属，如百合科、石蒜科、天南星科等，在没有采到地下茎的情况下难以鉴定，因此应特别注意这些植物的地下部分。

（3）雌、雄异株植物，应分别采集雌株和雄株，以便研究时鉴定。

（4）木本植物的采集。木本植物一般是指乔木、灌木或木质藤本植物，采集时首先选择生长正常、无病虫害的植株作为采集的对象，并在这些植株上选择有代表性的小枝作为标本。所采集的标本最好是带有叶、花或果实的，必要时可以采取一部分树皮。要用枝剪剪取标本，不能用手折，因为手折容易伤树，摘下的枝条压成标本也不美观。但必须注意，采集落叶的木本植物时，最好分三个时期去采集，才能得到完整的标本，如：冬芽时期的标本；花期的标本；果实时期的标本。

因为有些植物是先开花后长叶，如迎春、蜡梅、紫荆等，采集时应先采花，之后再采集叶和果实，这样可获得完整的标本。一般没有花和果实的标本不能作为鉴别植物种类的根据，所以必须采集叶、花（或叶、果）齐全的枝条，同时标本上最好带着二年生的枝条，因为当年生的枝条，变态比较大，有时不容易鉴别。此外，雌雄异株的植物如杨树和柳树等，特别注意要采齐雌株和雄株的标本。所采的标本大小，一般长约42cm、高约29cm为最适宜，这样合乎白纸的长度和宽度，压干后装订比较美观。

（5）草本植物的采集。高大的草本植物采集一般与木本植物相同，除了采集它的叶、花、果各部分外，必要时必须采集其地下部分，如根茎、匍匐枝、块茎和根系等，应尽量挖取，这对于确定植物是一年生或多年生的，在记载时有很大帮助。许多草本植物是根据地下部分而分类的，像禾亚科、竹亚科、香附子等植物，若不采取地下部分则很难识别。

（6）水生植物的采集。很多有花植物生活在水中，有些叶柄和花柄随着水的深度增加而增长，因此采集这些植物时，有地下茎的则可采地下茎，这样才能显示出花柄和叶柄着生的位置。但采集时必须注意有些水生植物全株都很柔软而脆弱，一提出水面，它的枝叶即彼此粘贴重叠，携回室内后常失去其本来的形态。因此采集这类植物时，最好成束捞起，用草纸包好，放在采集箱里，带回室内立即将其放在水盆或水桶中，等到植物的枝叶恢复原来的状态时，用一张旧报纸放在受水的标本下，轻轻将标本提出水面后，立即放在干燥的草纸里好好压制，最初几天，最好每天换3~4次干纸，直至标本表面的水分被吸尽为止。

（7）特殊植物的采集。如棕榈科或芭蕉科，这类植物的叶子很大，叶柄长，采来的标本压制非常困难。因此采集时只能采其叶、花、果以及树皮中的一部分，但是必须把它们的高度，茎的直径，叶的长阔和裂片的数目，叶柄、叶鞘的长度、形态等全部记录下来，最好把它们拍下来，将照片附在标本上。

（8）对寄生植物的采集，必须连寄主上被寄生的部分同时采集下来，并且把寄主的种类、形态、同寄生植物的关系等记录下来，如桑寄生、列当、菟丝子等标本的采集。

（9）采集标本的份数：一般要采集2~3份，给以同一编号，每个标本上都要系上号签。标本除自己保存外，对一些疑难的种类，可将其中同号的一份送研究机构，请代为鉴定。

以上所说的采集方法，采回的标本只适用于腊叶标本的制作，如果将花或果实用药品浸制，可保存其原来的形态，用作示范材料或实验材料。采集时必须将花和果实放在采集箱中带回室内浸制。

3）记录方法

在野外采集时只能采集整个物体的一部分，而且不少植物压制后与原来的颜色、气味等差异很大，如果所采回的标本没有对其进行详细记录，日后记忆模糊，就不可能对一种植物全部了解，鉴定植物时也会更困难。因此记录工作在野外采集时极为重要，而且采集和记录的工作是紧密联系的，所以在野外采集前必须准备足够的采集记录纸，必须随采随记。只有养成了这样的习惯记录后，才能熟练地掌握野外采集记录的方法，才能保证采集工作顺利进行。然而记录工作如何着手呢？例如，有关植物的产地，生长环境，形状，花、叶、果的颜色，有无香气和乳汁以及采集日期等必须记录下来。记录时应注意观察，在同一株植物上往往有两种叶形，如果采集时只能采到一些叶形，那么就要靠记录工作来帮助了。此外如禾本科植物，像高大的多年生草本植物，在采集时只能采到其中的一部分，因此必须将它们的高度、地上及地下茎的节间数目、颜色等记录下来，这样采集的标本对植物分类工作才有价值。

采集标本时参考采集记录的格式逐项填好后，必须立即将小标签的采集号挂在植物标本上，同时注意检查采集记录的采集号数是否相同，记录的情况是否为所采集的标本。这点很重要，如果采集过程中发生错误，就失去标本的价值，甚至影响标本的鉴定工作。

4）植物标本的压制和整理方法

采回的新鲜标本最好当天压制，如时间不允许当日压制亦可第二天压制，但必须将标本放在通气的地方，以免堆置放热。压制时必须做下列工作：

（1）整理标本。把标本上多余无用的密叠的枝叶疏剪一部分，以免遮盖花果。

（2）编号。把采集的同种植物编成同一号数，所编的号数要和野外采集记录号数一致，压制后易改变的器官应详细记录下来。

（3）压制。一般用木制的夹板压制，压制时用一块木夹板做底板，上铺 4~5 层草纸，然后将整理好的标本平放于草纸上，并将标本的枝叶展开，在上铺草纸 2~3 张，如此使标本与草纸相互间隔。对普通的草本植物或枝叶标本用 1 张草纸即可。如果有些植物花果过大，如洋玉兰花、大丽菊花果实等，压制时容易使近花果的地方造成间隙，因而使一部分叶片卷缩，这种情况最好用叠厚的草纸将空隙填平，以使木夹板标本的全部枝叶调换，使木夹板的标本和草纸整齐平坦；较大的标本可折叠成"V""N"或"W"形，当标本重叠相当高度时，即用绳子或带子在木夹上缚紧。

（4）换纸。新压的标本每天至少应换 1~2 次干纸，这些干纸最好是经过日晒或火烤后带有温热，其热度可随植物标本渐干的程度稍有增加。在换纸的同时必须做下列工作：

①初次换纸时必须将标本上的叶片翻转，使标本上保持有腹面和背面两种叶子，如干后将叶子翻转，则折断放上，这时如果认为标本的枝叶过密，还可以适当

地剪一部分。

②初次换纸时必须将覆压的枝条、折叠的叶和花等小心张开，这是压制标本好坏的关键，必须注意。

③在换纸的过程中，若发现花、叶、果脱落或有多余部分，需放入纸袋中与标本压在一起，但必须在纸袋外面写上与标本相同的号数，若标本混乱时亦不至于发生错误。

如果要使压制的标本迅速干燥且能保持原来的颜色，则需于初压制后第二天至第三天换烘热的草纸1~2次，这样连续6~8日，即可使标本全部干燥。

此外，如兰科、天南星科、景天科等植物的营养器官厚且多肉，用以上压制方法处理，数日不能干燥，而且还能继续生长，因此这类植物压制时最好放在沸水中煮0.5~1min，将其外面的细胞杀死而促使其干燥。如对有些大戟科植物压制时，经常换纸容易落叶，压制后只剩光光的枝条，失去标本原来的形态，在这种情况下可先将标本浸在沸水中处理，杀死其叶肉细胞再进行压制，但要注意利用这种方法处理时不能将花浸于沸水中。

2. 植物标本(腊叶标本)的制作和保存

一份合格的植物标本制作需要经压制、消毒、上台纸和标本保存等基本过程，具体如下：

(1)消毒。一般使用升汞($HgCl_2$)乙醇饱和溶液进行消毒。配制方法是将升汞2~3 g溶于1000mL 70%乙醇中即可。消毒时，可用喷雾直接往标本上喷消毒液；或将标本放在大盆里，用毛笔蘸上消毒液，轻轻地在标本上涂刷；也可将消毒液倒在盆里，将标本放在消毒液里浸一浸；还可把标本放进消毒室和消毒箱内，使用药物熏蒸的方法灭虫，常用的药品有甲基溴、磷化氢、磷化铝、环氧乙烷等，这些药物均具有很强的毒性，应请专业人员操作或在其指导下进行。此外，也可用除虫菊和硅石粉混合制成的杀虫粉除虫，毒性低，不残留，比较安全。经消毒的标本，要放在标本夹中压干，才能装上台阶。

(2)上台纸。将白色台纸(白板纸或卡片纸，8开，约39cm×29cm)平整地放在桌面上，然后把消毒好的标本放在台阶上，摆好位置，右下角和左上角都要留出贴定名签和野外记录表的位置。这时，便可用小刀沿标本的各部分适当位置上切出数个小纵口，再用具有韧性的白棉纸条，由纵口穿入，从背面拉紧，并用胶水在背面贴牢(或者直接用棉线订紧)，贴上采集记录和鉴定签，并盖上一层保护膜。也可将标本存放在盒子中(注意：工作完毕一定要认真洗手，以防中毒)。这种上台纸的方法，既美观又牢靠，比在正面贴的方法要好得多。对体积过小的标本(如浮萍)或脱落的花、果、种子等，不便用纸条固定时可将标本放在一个折叠的纸袋内，再把纸袋贴在台纸上，这样可随时打开纸袋观察。如图1-8-1所示为植物标本制作工具。

（3）保存。凡经上台纸和装入纸袋的高等植物标本，经正式定名后，都应放在标本柜中保存。为了减少标本的磨损，入柜的标本最好用牛皮纸做成的封套按属套好，在封套的右上角署名，以便查阅。

标本柜的规格以铁制的最好，通常采用二节四门的标本柜。标本柜里要放樟脑防虫剂，以防虫蛀。腊叶标本在标本柜内一般按分类系统排列。

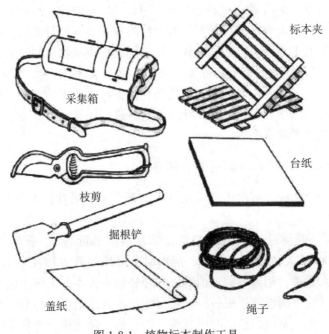

采集箱

枝剪

掘根铲

盖纸

标本夹

台纸

绳子

图 1-8-1 植物标本制作工具

【作业与思考题】

请每个学生制作草本植物和木本植物的标本。

实验九　植物的多样性与植物检索表的编制和使用

在长期的进化历程中，由于异质环境和自然选择的作用，植物在形态、生态、生理、遗传水平上发生分化。这种前进进化和辐射适应的结果产生了地球上丰富的物种多样性。保护物种资源及其与环境所构成的生态综合，对人类自身的生存和发展具有至关重要的意义。生物对环境的适应可以在不同结构水平上体现出来。植物的外部器官直接与环境相作用，其形态特征可反映植物对特定环境的适应。不同植物类群的形态差异也反映了它们之间的进化关系，从而为它们提供了自然分类的基础。虽然细胞生物学、分子生物学、植物化学等手段在植物分类研究中越来越受到重视，但是由于形态特征本身就是遗传基因的特定表达，物种之间的形态差异在很大程度上反映其基因结构和功能的差异。同时，直观的形态特征易于观测，具有很大的方便性和实用性。因此，目前以形态特征为基础的传统分类方法仍占主导地位。植物界种类繁多，有关植物的分门没有统一的意见，本书采用 16 门分类系统（图 1-9-1）。

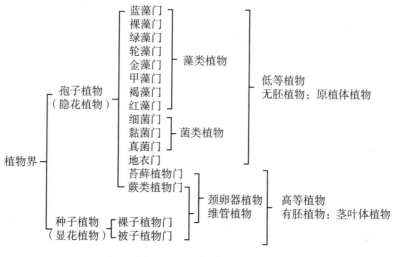

图 1-9-1　植物界的类群

藻类植物、菌类植物、苔藓植物和蕨类植物以孢子进行繁殖，这些植物合称为孢子植物。孢子植物没有开花结实现象，故又称为隐花植物。与此相对，裸子植物与被子植物均以种子进行繁殖，故称为种子植物。由于种子植物均能开花，所以又称为显花植物；藻类植物、菌类植物、地衣植物合称为低等植物，低等植物在形态上没有根、茎、叶分化，故称为原植体植物，构造上无组织的分化，生殖器官单细胞，合子发育时离开母体，不形成胚，又称为无胚植物。苔藓植物、蕨类植物、裸子植物、被子植物称为高等植物，高等植物在形态上有根、茎、叶的分化，称为茎叶体植物，构造上有组织的分化，生殖器官多细胞，合子在母体内发育为胚，故称为有胚植物；苔藓植物和蕨类植物的雌性生殖器官均以颈卵器的形式出现，裸子植物的绝大多数种类也具有颈卵器，三者合称为颈卵器植物；蕨类植物、裸子植物和被子植物均有维管组织，因此称为维管植物；被子植物因为有雌蕊，故也称为雌蕊植物，与高等植物中具有颈卵器的其他类群相区别。

【实验目的】

(1)通过比较和观察植物界各大类群主要代表植物的形态特征，了解植物的多样性和植物界的进化发展。

(2)通过观察植物形态与其生活环境相适应的事实，理解结构和功能、生物与环境的统一和物种多样性形成的机制。

(3)初步掌握植物检索表的编制方法和使用检索表鉴定植物的方法。

【材料与器材】

实验材料：藻类植物、菌类植物、地衣植物、苔藓植物、蕨类植物、裸子植物、被子植物的新鲜标本或浸制标本、腊叶标本。

实验器材：显微镜、放大镜、解剖针、镊子、刀片、吸水纸；植物志、高等植物图鉴等工具书。

【实验内容】

1. 植物界的多样性

1)藻类植物的多样性

藻类植物是自养的原植体植物和低等植物。藻体基本没有根、茎、叶分化，多为单细胞个体，或多为细胞组成的丝状体、球形体或枝状体。除蓝藻为原核生物外，其余藻类均为真核生物。

观察念珠藻属(*Nostoc*)、螺旋藻属(*Spirulina*)、衣藻属(*Chlamydomonas*)、水绵属(*Spirogyra*)、轮藻属(*Chara*)、紫菜属(*Porphyra*)、海带属(*Laminaria japonica*)等植物的演示标本。

2)菌类植物的多样性

细菌门(Bacteriophyta)为原核生物，单细胞，绝大多数为异养，种类繁多，根据形态分为球菌、杆菌和螺旋菌。

黏菌门(Myxomycophyta)为团裸露、多核、变形虫状且能运动吞噬固体植物的原核体，具有动、植物的特征。

真菌门(Eumycophyta)属于真核异养生物，细胞内不含叶绿素，也没有质体，主要营寄生或腐生生活。

真菌是一个很大的类群，由于它们常固着生长，细胞具细胞壁，传统上将其归为植物界。除少数单细胞类型外，绝大多数真菌的植物体由菌丝组成，低等真菌的菌丝一般无隔丝，具多核；而高等真菌的菌丝多有隔菌丝。在绝大多数真菌的生活史中，只有核相交替，而没有世代交替。

观察真菌门的常见代表植物：

根霉属(Rhizopus)：将新鲜馒头切成数片，在空气中暴露1h，然后放入垫有湿滤纸的培养皿中，保持水分，在25~30℃的恒温培养箱中培养3~4 d，馒头表面长出白绒毛(为根霉的菌丝体)，再过1~2 d，菌丝顶端长出黑色小点——孢子囊。用镊子挑取少量根霉菌制成临时装片，观察其结构。

青霉属(Penicillium)：实验前一周，取新鲜橘皮用水浸湿，放在垫有湿滤纸的培养皿中，保持水分，在25~30℃的恒温培养箱中培养3~4 d，橘皮表面长出白色青霉菌丝体，再经过1~2 d以后菌丝变成绿色(为青霉的分生孢子)。取青霉菌丝体放在载玻片上，滴1滴质量百分浓度为5%的KOH溶液，盖上盖玻片，在显微镜下观察其形态结构。

酵母属(Saccharomyces)：取1滴米酒水，做成临时装片，在显微镜下观察其形态结构。

伞菌科(Agaricaceae)：伞菌的子实体有许多菌丝交织而成，由菌盖、菌柄、菌环、菌托等组成。菌托与土壤或基质接触，菌丝可深入到基质中吸取营养。取蘑菇(Agaricus campestris)子实体，观察其外形，辨认菌盖和菌柄两部分。在菌柄中上部分有一白色膜质的菌环，菌盖的下面是许多放射状排列的薄片，称为菌褶；子实层位于每一片菌褶的两面；菌柄在接近菌褶处的环状薄片为菌环。如图1-9-2所示。

观察平菇、银耳、木耳、灵芝等植物的实体标本。

3)地衣的多样性

地衣是多年生植物，是由一种真菌和一种藻类形成的共生体。共生的真菌多为子囊菌，少数为单子菌，极少数为半知菌。藻类主要是蓝藻(念珠藻)和绿藻(共球藻、橘色藻)。在一般情况下，菌占地衣的大部分，包围藻类细胞，并决定地衣体的形态。藻则在复合体的内部，成一层或均匀分布。藻类为整个植物体制造养分，而菌类则吸收水分与无机盐，为藻类制造养分提供原料，并围裹和保护藻细胞。按

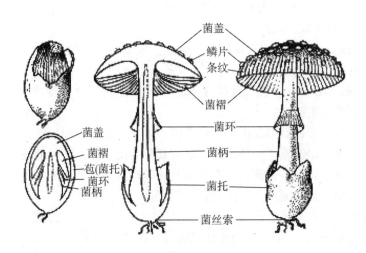

图 1-9-2　菌类子实体

外部形态，地衣可分为三类：壳状地衣、叶状地衣、枝状地衣；按照藻类和真菌相互分布的层次关系，分为同层地衣和异层地衣。

观察壳状地衣、叶状地衣、枝状地衣的实物标本，了解其形态。

4) 苔藓植物的多样性

苔藓植物是由水生生活环境向陆地生活方式过渡的类群之一，是高等植物中比较原始的类群。苔藓植物没有维管组织分化，所以也没有真正的根茎叶的分化。在苔藓植物的生活史中，配子体世代占有明显的优势。苔藓植物的营养体是配子体，其孢子体不能独立生活，只能寄生或半寄生在配子体上。苔藓植物的配子体有两种形态：一类是无茎叶分化的叶状体；另一类是有类似茎叶分化的茎叶体。苔藓植物的有性生殖器官为精子器和颈卵器。

观察苔藓植物常见代表的形态特征。

地钱(*Marchantia polymorpha*)：是苔纲植物常见的代表植物，为世界广布种，常常生于阴湿的土壤上，通常生活于阴湿的墙角、水沟和水井边。营养体为绿色扁平的二叉分枝叶状体，在叶状体分支前端凹陷处为生长点，叶状体背面可见许多网格，每个网格中央的白点为气孔，腹面有假根和鳞片。背面常可见胞芽杯，能产生胞芽进行营养繁殖。雌雄异株，雄器托呈圆盘状，具细长的柄，生于雄株背面；雌器托生于雌株背面，具有 8~12 条指状芒线。

葫芦藓(*Funaria hygromtrica*)：为藓纲常见植物，多生于富含有机质的土壤上，常见于村边、墙角、林间火烧过的地上。营养体(配子体)为茎叶体，绿色、矮小、直立、叶舌形。在茎基部有许多毛发状的假根，在茎顶端有生长点。雌雄同株、异枝，雌枝顶端叶形宽大且向外张开，形成开放的花朵，剥开叶可见叶丛中生有许多精子器和侧丝，它们共同构成了雄器苞；雌株顶端叶紧包，形似顶芽，剥开叶，可见内生的数个带柄的颈卵器，它们共同构成雌器苞。孢子体为黄褐色，从配子体中伸长，其顶端膨大的部分即为孢蒴，在孢蒴顶端有一蒴帽。

5) 蕨类植物的多样性

蕨类植物是一群进化水平最高的孢子植物，也是孢子体世代占优势的植物类群。蕨类植物的包子体内有维管组织分化，绝大多数具有根、茎、叶分化；其配子体多为背腹性的绿色叶状体，能独立生活，有性生殖器官为精子器和颈卵器。

我国蕨类植物学家秦仁昌教授将蕨类植物门分为 5 个亚门：松叶蕨亚门（Psilophytina）、石松亚门（Lycophytina）、水韭亚门（Isoephytina）、楔叶亚门（Sphenophytina）和真蕨亚门（Pilicophytina）。

观察石松（*Lycopodium japonicum*）、江南卷柏（*Selaginella moellendorffii*）、问荆（*Equisetum aruense*）、节节草（*E. ramosissimum*）、紫萁（*Osmunda japonic*）、蕨（*Pteridium aguilinum var. latiuulunrs*）、井栏边草（*Pteris multifida*）、铁线蕨（*Adiantum capillus vneris*）、海金沙（*Lygodium japonicum*）、贯众（*Cyrtomium fortunei*）、满江红（*Azolla imbricata*）、槐叶苹（*Salvinia nutans*）等常见蕨类植物的标本。

6) 裸子植物的多样性

裸子植物是具有维管组织和颈卵器，能形成球花，产生花粉管，形成种子，且种子外面没有果皮包被的高等植物。种子的形成，有助于植物的散布、胚的保护和幼孢子体的成长；花粉管的产生使受精作用摆脱了水的限制。裸子植物的孢子体发达，并占绝对优势，而配子体则退化，寄生于孢子体上，因此，更有利陆生生活。

观察苏铁（*Cycas revoluta*）、银杏（Ginkgoaceae）、油松（*Pinus tabulaeformis*）、雪松（*Cedrus deodara*）、柳杉（*Cryptomeria fortunei*）、杉木（*Cunninghamia lanceolata*）、水杉（*Metasequoia glyptostroboides*）、圆柏（*Sabina hinensis*）、侧柏（*Biota orientalis*）、南洋杉（*Araucaria cunninghamia*）、罗汉松（*Podocarpus macrophylus*）、买麻藤（*Gnetum montanum*）等常见裸子植物的形态特征。

7) 被子植物的多样性

被子植物通常依据子叶的数目、叶脉特征和花的基数特点分为双子叶植物纲（Dicotyledoneae）或木兰纲（Magnoliopsida）和单子叶植物纲（Monoctyledonnea）或百合纲（Liliopsida）。按照克朗奎斯特系统木兰纲（Magnoliopsida）下设 6 个亚纲：木兰亚纲（Magnoliidae）、金缕梅亚纲（Hamameclidae）、石竹亚纲（Caryophyllidae）、五桠果亚纲（Dilleniidae）、蔷薇亚纲（Rosidae）和菊亚纲（Asteridae）。绝大多数学者认为，木兰亚纲是现存被子植物中最原始的类群。单子叶植物有 5 个亚纲：泽泻亚纲（Alismatidae）、棕榈亚纲（Arecidae）、鸭跖草亚纲（Commelinidae）、姜亚纲（Zingiberid）和百合亚纲（Liliidae），其中以鸭跖草亚纲和百合亚纲的种类最多。

观察荷花玉兰（*Magnolia grandiflora*）、扬子毛茛（*Ranunculus sieb*）、构树（*Broussonetia papyrifera*）、繁缕（*Stellaria media*）、野葵（*Malva verticillata*）、南瓜（*Cucurbita moschata*）、栝楼（*Trichosanthes kirilowii*）、垂柳（*Salicbaby lanica*）、绣线菊（*Spiraea salicifolia*）、贴梗海棠（*Charnomeles speciosa*）、决明（*Cassia tara*）、龙葵（*Solamum nigrum*）、慈姑（*Sagittaria sagittifoolia*）、棕榈（*Trachycarpus fortune*）、马唐（*Digitaria sanguinalis*）、毛竹（*Phyllostachy pubescens*）、凤尾竹（*Bambusua multpler*）、麦冬（*OPhiopogon japonicas*）、建兰（*Cymbium ensifolium*）等植物的标本，了解被子植物各亚纲的主要区别。

2. 植物检索表的编制和使用

1）植物检索表的构成与类型

认识常见植物种类所采用的方法：对植物标本进行全面的观察后，查阅各种工具书（如植物志、图鉴、图说、图谱手册以及各科、属、种的专著等）对其进行鉴定。为了能快速、方便地得出所需的结果，无论哪种工具书，都在书中编制了检索表，并且在检索过程中首先得到应用。因此，植物检索表已成为鉴定植物、认识植物种类不可缺少的工具，也是认识植物的一把钥匙。

检索表是通过一系列的从两个相互独立的性状中选择相符的一个、放弃不符的，从而达到鉴定的目的。广泛采用的检索表有两种：定距检索表和平行检索表，目前采用较多的为定距检索表。

定距检索表：相对应的特征编为同样的号码，并且在左边同样的位置开始，每组性状编排时，向右退一格。例如：蔷薇科4个亚科的分亚科检索表如下：

1. 蓇葖果：心皮5，离生；常无托叶 ……………………………… 绣线菊亚科
1. 果不开裂；具托叶。
　2. 子房上位；心皮1或2至多数，分离。
　　3. 心皮2至多数，离生；聚合瘦果或蔷薇果；多复叶 ………… 蔷薇亚科
　　3. 心皮单生；核果；单叶 …………………………………………… 李亚科
　2. 子房下位；心皮2~5，合生；梨果 ……………………………… 苹果亚科

平行检索表：其特点是左边的字码平头写，在种类多时可以节约篇幅，以蔷薇科4个亚科的分亚科检索表为例：

1. 蓇葖果：心皮5，离生；常无托叶 ……………………………… 绣线菊亚科
1. 果不开裂；具托叶 ………………………………………………………… 2
2. 子房上位；心皮1或2至多数，分离 …………………………………… 3
2. 子房下位；心皮2~5，合生；梨果 ……………………………… 苹果亚科
3. 心皮2至多数，离生；聚合瘦果或蔷薇果；多复叶 …………… 蔷薇亚科
3. 心皮单生；核果；单叶 ………………………………………………… 李亚科

2）编制检索表应注意的问题

（1）检索表中包含多少个被检索的对象完全是人为编辑在一起的，可以按某一地区、某一类群或某种用途进行编辑。

（2）认真观察和记录植物的特征，并列出特征比较表，以便找出各类植物之间的最突出的区别。

（3）在选用区别特征时，最好选用相反的或易于区分的特征，千万不能采用似是而非或不肯定的特征。采用的特征要明显稳定，最好选用仅用肉眼或手持放大镜就能看到的特征。

（4）有时同一种植物由于生长环境的不同，既有乔木也有灌木，遇到这种情况时，在乔木和灌木的各项中都可以编进去，这样就可以保证能查到。

（5）检索表的编排号码，只能用两个相同的，不能用三项以上，如1，1；2，2。

（6）为了验证编制的检索表是否适用，还需要在实践中验证。

3）检索表的使用

（1）对植物的各部分特征，特别是花的各部分构造，要细致地解剖观察。因此，要鉴定的标本一定要完整，尤其是要有花、果。

（2）要根据植物的特征从头按次序逐项往下查，绝不能跳过一项去查下一项，因为这样极易发生错误。

（3）要全面地核对两对相对性状，如果第一项性状看上去已符合手头的标本，也应该继续读完相对的另一性状，因为有时后者更合适。

（4）在核对两项性状后仍不能做出选择或手头的标本缺少检索表中要求的特征时，可分别从两个方面检索，然后从所获得的两个结果中，通过核对两个种的描述或图作出判断。

（5）根据检索的结果，对照植物标本的形态特征是否和植物志或图鉴上的描述及图一致，如果全部符合，证明鉴定的结论是正确的，否则还需重新研究，直到完全正确为止。

【作业与思考题】

（1）编制植物界各大类群的分类检索表。

（2）根据观察到的各大类群的形态特征，总结植物界的进化趋势。

实验十　植物与环境的野外观察

【实验目的】

通过对植物的立地条件进行观察，进一步了解植物。了解植物群落与环境条件的相互关系；认识自然地理环境条件在空间上的变化，导致植物、植物群落分布和生长状况变化的规律。

【实验内容】

选择某种或数种自然地理环境条件逐渐变化的地段，也可以结合野外实习的地点，对植物立地条件进行观察，对光、水、土、热等环境条件的生态效应进行水平和垂直方向的观察，以及观察植物、植物群落过渡类型的变化。进一步认识其生态类型特征及生长习性。

【实验用品】

放大镜、笔记本、铅笔、枝剪、皮尺、钢卷尺、测绳、标本标签、野外用风速表、照度计等。

【原理方法】

运用植物生态学原理及方法，对植物的生长环境与适应类型、适应特征进行观察。

1. 植物立地条件的观察

观察不同生境条件植物的适应特征，了解其相互关系。如选择沙生植物园(或某一典型地段)。

(1)在植物园观察，注意认识一些沙生植物，了解它们的共同特征及其生长环境。

(2)观察孑遗植物的形态特征以及它们的生长环境。

2. 光、水、土、热等环境因子的生态效应观察

1)生态序列法

选择一种或数种环境因子逐渐变化的地段作观察。

(1)河流湖泊沿岸地带：这里是由岸边到陆地地下水位逐渐降低，导致土壤及其理化性质渐变的地带。注意观察植物由沉水植物、浮水植物、挺水植物、湿生植物、中生植物逐渐变化的生态类型。

(2)海滨或内陆封闭湖盆地区：注意观察土壤含盐量的逐渐变化和地下水位的影响。盐生植物、湿生植物、中生植物等生态类型的相应变化。

(3)各种沙丘与丘间洼地地带：在沙丘迎风坡和背风坡、中间平坦低洼地带，注意观察土地水热条件、化学性质的显著差异而导致植物种类和生态习性的差异。注意观察比较各生态适应类型的特征差异。

(4)较高的山地：观察山地自下而上的水热条件、土层厚度、土壤质地、土壤水分。观察粗骨性程度生境条件的明显变化，导致植物群落、植物优势种的相应变化，注意观察比较其特征差异。

(5)不同坡向的坡地(阴坡与阳坡)：其光照和水热条件的差异会引起其他生态条件的变化。可选择一个坡地或山丘，绕行一周，注意观察其生境条件和植物种类或生长状态随之相应变化的状况。

(6)在森林或防护林分布茂密的地方：用野外风速表、照度计测定林地内外各处的风速、光照强度的变化，同时进行各处植物种类更替情况和生长状况变化的观察比较。

2)样线法

沿生态序列中环境变化显著的方向拉开 30~50 m 的皮尺或测绳(样线)，详细记录绳尺所通过植物的名称及植株生长的高度，以及生境的特点。样线长度视环境的变化、植物种类和密度等的具体情况而定，但不宜过长，以能表现出生态更替即可。最后，根据实地观察记录资料，分析各种自然地理环境与植物生态类型之间的相互关系。

3)频度法

(1)选择观察地点和主要环境因子(土壤 pH 值、盐度、水分、光照等)。

(2)选定若干待测的灌木、草本植物，尽量熟识这些植物的种类，或剪取标本，回室内鉴定。

(3)测量小样方或样圆，大型灌木、草本植物可取 $1m^2$ 的样方，小型草本植物可取 $1/10m^2$ 的样方。沿环境梯度变化方向，每隔一定的距离(10 m 或 30 m，视生境复杂情况而定)设置 10~20 个样方或样圆，参照表 1-10-1 格式，分别登记所遇到的待测植物，计算这些植物出现的频度。某种植物出现的样方占该测点样方总数的百分数就是该植物的出现频度。

表 1-10-1　　　　　　　　　　　　样地植物出现频度与测点

测点(与起点距离/m)	0		10	20
样方号/频度	1，2，3，…/频度		1，2，3，…/频度	1，2，3，…/频度
植物名称 a b c d e …	++ +++ + +	5/10 9/10 1/10 0 3/10		

注：+表示在样方中有该种出现。

各类型植物出现频度在环境因子中的变化可绘制曲线表示，横坐标为生境变化（以距离为基础测量土壤 pH 值的变化），纵坐标为植物出现的频度。

【作业与思考题】

(1)以旱生的植物：胡杨、白刺、梭梭等为例，说明它们与环境条件的关系以及适应特征。

(2)简述某一环境因子(土壤 pH 值、盐度、水分或光照等)的变化引起植物、植物群落的适应特征有哪些相应变化。

(3)简述某一高大山体的垂直变化，植物群落、优势种有哪些相应变化。形态特征有哪些变化。分析其变化的原因。

实验十一 种子植物区系分析

【实验目的】

通过对所在地区种子植物的野外调查，认识常见的植物种类，掌握植物区系分析的方法。

【实验原理】

植物区系是某一地区、某一时期、某一分类群、某类植被等所有植物的总称。同一植物区系的分布范围大体与具有某一特征的自然环境相联系，反映了其发展进程与古地理或现代自然条件的关系。通过植物区系分析，可以查明植物较高分类学单位上的许多问题。一个地区的植物区系分析通常包括三个方面的内容：分类学的统计与分析，如科属种的数目与大小；根据区内所有植物分布类型特点进行区系成分分析；地区间植物区系比较分析。在进行区系研究时，必须区别是本地野生的、栽培的还是外来的种类，通常研究本地野生的种类来代表本地的植物区系，而在农田、花园及果园中引种栽培的植物种类称为栽培植物区系。种植植物包括裸子植物和被子植物，因此种子植物的区系分析仅仅限于裸子植物和被子植物这两大类群。

【实验用品】

《中国植物志》《广西植物志》《中国高等植物图鉴》等植物物种检索工具书，GPS、标本夹、采集带、照相机、放大镜、枝剪、记录本。

【实验内容】

（1）植物种类的识别和鉴定。

由实习老师带队，将实习学生分为5~8组，选择具有代表性的区域进行植物种类的调查和信息采集。对于能够直接确定的植物，做好记录（包括名称、生境、是否常见等），对于不能确定的植物，拍照并采集标本，带回实验室进行处理和鉴定。

(2)编制调查区域的植物名录,并填入表 1-11-1 中。

表 1-11-1 某区域种子植物统计表

项目	裸子植物			被子植物			合计		
	科	属	种	科	属	种	科	属	种
钦州市 广西 全国 占广西比例/% 占全国比例/%									

(3)进行物种组成成分分析,并填入表 1-11-2 中。

表 1-11-2 某区域种子植物区系科的分析

分类群	单种科 (含 1 种)	寡种科 (含 2~10 种)	中等科 (含 11~20 种)	较大科 (含 21~49 种)	大科(含 50 种以上)
裸子植物 被子植物 总数 占所调查种子植物 总科数的比例/%					

(4)进行植物分布类型区系成分分析。根据吴征镒(1991)关于中国种子植物分布区类型的花粉方法,将所调查植物信息总结填入表 1-11-3 中。

表 1-11-3 某区域种子植物区系属的分布类型

编号	分布类型	属 数	占本区总属 的比例/%
1	世界分布		
2	泛热带分布		
3	热带亚洲和热带美洲间断分布		
4	旧世界热带分布及其变型		

编号	分布类型	属　数	占本区总属的比例/%
6	热带亚洲至热带非洲分布及其变型		
7	热带亚洲分布及其变型		
8	北温带分布及其变型		
9	东亚和北美洲间断分布及其变型		
10	旧世界温带分布及其变型		
11	温带亚洲分布		
12	地中海区、西亚至中亚分布及其变型		
13	中亚分布及其变型		
14	东亚分布及其变型		
15	中国特有分布		
	合计		

(5)将调查分析结果与另一不同区域的种子植物区系进行比较分析。属是比较清楚和稳定的分类单位，便于进行类群的统计，更适合于进行较小范围的植物区系分析。不同地区间属的比较分析可以通过简单的计算求得。设甲、乙两地各分布有 A 与 B 属植物，两地共有 C 属植物，按照不同的计算方法均可得相似系数：$K_{jacard} = C/(A+B-C)$；$K_{sorensen} = 2C/(A+B)$；$S_{sz} = C/\min(A, B)$。其中 K_{jacard}，$K_{sorensen}$ 和 S_{sz} 为相似性系数；A 为甲地植物属数，B 为乙地植物属数，C 为两地共有植物属数。

【作业与思考题】

列出所调查区域种子植物名录(归属到科)，并对科的植物区系特征和属的区系特征进行分析。

实验十二　植物的繁殖与现代农业技术实践

【实验目的】

通过现场参观和实践，理解植物繁殖的方式，尤其是种子繁殖和营养繁殖在农业上的运用；深化对植物的繁殖和生长基本理论的认识；增加对现代农业设施和技术的了解。

【实验用品】

枝剪、刀片、手套、记录本。

【实验原理】

植物繁殖是指植物产生同自己相似的新个体，是植物繁衍后代、延续物种的一种自然现象，也是植物生命的基本特征之一。植物繁殖的方式主要有有性繁殖、无性繁殖、孢子繁殖等。在农业生产上，通过种子进行的有性繁殖（即种子繁殖）和以植物营养器官进行的营养繁殖是最主要的繁殖方式。

种子繁殖具有对环境适应性较强、繁殖系数大、遗传多样性丰富等优点，在农业生产和园艺生产上占有重要的地位。但同时具有子代一致性相对较差（颜色、大小、生长势等）、受种子自身优劣影响较大（形状、大小、休眠期、发芽率等）、种子获得周期长等不利影响，种子繁殖获得的种苗称为实生苗。

营养繁殖是植物不通过有性途径，而是利用营养器官（根、茎、叶）来繁殖后代的一种繁殖方式。营养繁殖的后代来自同一植物的营养体，它的个体发育不是重新开始，而是母体发育的继续，因此，开花结实早，能保持母体的优良性状和特征。但是，营养繁殖的繁殖系数较低、抗性较差，多代繁殖后会出现种苗退化现象。园艺生产上常用的营养繁殖有分株、扦插（枝插和叶插）、压条、嫁接等方式。

【实验内容】

本实验依托场地为钦州市林业科学研究所的花卉基地和钦州市植物生物技术重点实验室。通过带队老师的现场讲授、学生的现场参观和实践操作，了解植物的主要繁育方式和现代农业设施的相关理论知识和硬件设施设备。

1. 种子繁殖与实生苗观察

观察一年生、两年生和多年生草本花卉的播种和生长情况。如一串红、夏堇、孔雀草、非洲凤仙、太阳花、长春花。观察种子的形态结构和幼苗的形态、生长情况。

2. 营养繁殖的方式

(1)分株：观察吊兰、国兰、兜兰等多年生草本花卉的性状和生长情况，重点了解植物的特性和分株繁殖的方法和过程。

(2)扦插：观察、学习常春藤、朱槿、三角梅、桉树、紫薇等常见园林花卉的扦插方法，并进行实践操作。

(3)压条：观察并了解山茶、油茶、葡萄等园艺植物的压条繁殖方法和过程。

(4)嫁接：观察三角梅、罗汉松、山茶等园林植物嫁接后的植株，了解嫁接技术的原理方法。

3. 植物组织培养技术

参观钦州市植物生物技术重点实验室，了解植物组织培养的技术原理和操作流程。重点了解铁皮石斛、红掌、桉树的组织培养产业化技术。

4. 了解现代农业设施设备

通过对温室大棚的参观学习，了解温室大棚、风机、水帘、遮阳网、喷淋设施、加温设施等对现代农业生产的重要性；通过对钦州市植物生物技术重点实验室的参观学习，了解无菌、洁净的大环境对植物组织培养的重要影响，了解人工光源、培养基、植物生长调节对植物组织培养的关键作用；深化林下种植、立体种植、生物防治等概念的内涵及实际应用。

【作业与思考题】

(1)植物的繁殖方式有哪些？
(2)结合现代农业生产实际，试述有性繁殖和营养繁殖各有什么优缺点。

第二部分 综合实习

实习一 北部湾大学校园实习

【地理概述】

北部湾大学位于北部湾经济区重要的港口城市——钦州市，校园面积约 1800 亩（图 2-1-1）。钦州市主要属丘陵地貌类型，西北部属山区，以十万大山为主体，北部和西部属中丘陵区，除少数山地及高丘陵外，一般海拔在 250 m 左右；中部属低丘台地、盆地和河谷冲积平原区，以低丘和河谷平原为主，土地稍平坦；东部属低丘陵区；南部属低丘滨海岗地、平原区，有市内最大的冲积平原——钦江三角洲，全境地势为西北及东北部高，自北向南倾斜，南部地势显著下降。钦州市位于北回归线以南，在亚洲东南部季风区内，太阳辐射强，季风环流明显，由于南临北部湾，西北靠十万大山，主要受海洋气候影响，也受大陆气团影响，海洋性气候明

图 2-2-1 北部湾大学全景图

显，是中国湿热多雨的地方之一。

钦州市市境从南到北，从低丘陵到高丘陵的土壤分布规律是：滨海沉积盐渍型水稻土(咸田/咸酸田)—砖红壤—沼泽型、潴育型水稻土—丘陵赤红壤—淹育、潴育、潜育型水稻土—丘陵赤红壤与水稻土的更迭。钦州市植被繁茂，天然植被分区属桂南热带雨林和亚热带季雨林区。植被类型和植物群落多种多样，大致分为季雨林、常绿阔叶林、针叶林、针阔混交林和稀树矮草 5 大类植被类型。北部湾大学植被主要由绿化植物构成，种类来源丰富，包括乡土植物、外来植物和归化植物等，分布着乔木、灌木、草本及藤本多种生活型植物，兼备观姿、观叶、观花等观赏特性，物种丰富。

【实习目的】

北部湾大学的植物涵盖了钦州市园林绿地及亚热带地区园林绿地大部分常见植物物种，植物来源丰富、种类多样，通过对校园植物的观察学习，可以认识亚热带地区海岸带和丘陵地带园林绿地的主要植物种类，了解一些植物的经济价值和药用价值，掌握植物地理学野外调查的基本方法；同时培养学生野外独立工作的能力，巩固课堂学习的理论知识。

【实习内容】

由教师或校园园林管理工作人员现场讲解，学生通过教师或工作人员的讲解、识别植物软件、网络查阅等方式识别植物种类并了解其生长习性、季相变化、观赏价值、经济价值和药用价值等。

(1)道路植物：道路植物主要为高大的观叶、观姿乔木，起到遮阴、吸尘、降噪、净化空气等作用，实习过程需识别常见的乔木如扁桃、香樟、胭脂树、重阳木、大叶紫薇、菠萝蜜、南洋楹、凤凰木、小叶榄仁、柳叶榕、白兰，并了解香樟树、胭脂树等树木的经济价值。

(2)广场植物：广场植物群落结构较为丰富，包括乔木、灌木、草本。实习过程需识别常见的乔木如大王椰、老人葵、蒲葵、凤尾葵、重阳木、银海枣；识别常见的灌木如红花檵木、铁树、灰莉、黄素梅、三角梅、杨梅、小叶榕、黄金榕、鸡蛋花、鹅掌柴、软叶针葵、露兜树、三药槟榔、侧柏、散尾葵、鱼尾葵、剑叶龙血树、福建茶、山茶花、米兰、九里香、木犀榄；识别常见的草本植物如金边龙舌兰、剑麻、四季海棠、兰花、细叶萼距花、龙船花、花叶良姜、美人蕉；并了解大王椰、老人葵等棕榈科植物的生长习性。广场植物综合了观叶、观花和观姿等观赏性。

(3)食堂区植物：食堂区植物种类丰富，实习过程需识别常见的乔木如凤凰木、重阳木、白兰、扁桃、幌伞枫、黄花风铃木、美丽异木棉、红花羊蹄甲；识别

61

常见的灌木如奇异果、蒲桃、杨梅、黄婵、茉莉花、人心果、灰莉；识别常见的草本植物如水鬼蕉、麦冬；并了解奇异果、人心果等植物的食用价值。食堂区植物主要为观花植物。

(4)教学区植物：教学区植物群落结构丰富，实习过程需识别常见的乔木如人面树、龙眼、荔枝、扁桃、重阳木、山药槟榔、刺桐、玉蕊、桃花心木、蒲葵、番石榴、盆架树、白兰；识别常见的灌木如番石榴、龙血树、露兜树、毛杜鹃、鸡蛋花、臭草；识别常见的草本植物如佛肚竹、小黄竹、水鬼蕉、麦冬；并了解臭草的生长习性。教学区植物具有观叶、观花等观赏性。

(5)运动场植物：运动场植物主要集中在操场边角及道路部分，实习过程需识别常见的乔木如幌伞枫、火焰木、凤凰木、龙眼、大叶紫薇、扁桃、花叶榄仁、黄花风铃木；识别常见的灌木如鸡蛋花、黄婵、毛杜鹃、巴西野牡丹、黄金榕、红背桂；识别常见的龟背竹、滴水观音、金脉爵床。运动场植物具有观叶、观花等观赏性。

(6)宿舍区植物：实习过程需识别宿舍区植物如荔枝、蒲葵、小叶紫薇、黄金榕、昆士兰伞木、肾蕨、含笑、滴水观音、大青枣、麦冬、白兰、奇异果、水鬼蕉、大花芦莉等多种乔木、灌木和草本植物，宿舍区植物中乔木植物较少，以灌木为主。

【仪器用品】

笔记本、数码相机、笔、测绳、皮尺、小钢尺等。

【注意事项】

注意防晒、防雨、防暑、防虫，多备饮用水，鞋子以运动鞋、平底鞋为宜。实习过程中要保护校园植物，勿随意践踏、采摘。

【作业与思考题】

(1)了解校园植物，识别主要乔木、灌木和草本植物种类及其特征。

(2)结合学校气候、土壤、地形等环境特征，谈谈如何合理栽种、管理校园植物。

实习二　通灵大峡谷野外实习

【地理概述】

通灵大峡谷位于广西壮族自治区百色市靖西市东南部 32km 外的湖润镇新灵村，古龙山水源林自然保护区的南端，由念八峡、铜灵霞、古劳峡、新灵峡、新桥峡组成，总长大于 10km。靖西属亚热带季风气候，年均气温 19.1℃，素有"小昆明"之称。境内以溶蚀高原地貌为主，山明、水秀，以奇峰异洞、四季如春的自然风光闻名遐迩，又有山水"小桂林"之誉，是旅游、度假和避暑的理想胜地。靖西市地势由西北向东南倾斜，略呈阶梯形态，西北部海拔为 706～1040m，中部为 700～850m，东南部中部为 250～650m，境内除东部古龙露出一片花岗岩及南部有零星辉绿岩和少部分地区散布一些页岩、砂岩外，大部分是由石灰岩组成的峰林、峰丛山地，石山与石山之间有许多较平坦广阔的溶蚀盆地和槽形谷地。靖西西部为低中山峰丛凹地，其中有小片的溶蚀坡立谷，东南部为低山峰屏坡立谷及峰丛槽谷。靖西市的土壤，大部分含碳酸盐较多，石灰性水稻田碱性强，具有石灰反应；质地偏黏；土壤有机质含量高，有效磷、钾缺乏；有锅巴和石灰淀积等障碍层次。通灵大峡谷(图 2-2-1)雨雾缭绕，植物茂盛，满谷苍翠欲滴，古树老藤遮天蔽日，

图 2-2-1　通灵大峡谷

荟萃140多科共2000多种植物，其中有许多为国家重点保护的珍稀植物，有距今1.8亿年前的侏罗纪时代与恐龙同时生长的桫椤、观音莲子座蕨类植物和金丝李、蚬木、润楠、桄榔树、火焰树、奇异的咬人树等珍稀植物和常见植物如爬山虎、苦楝、杉木、金竹、桦木、香椿、董棕、枞树菌等。

【实习目的】

通灵大峡谷地处我国亚热带气候区，植物区系丰富，植被类型复杂多样，自然植物分布的水平地带性和垂直地带性较好。通过植物地理学野外实习，观察通灵大峡谷主要的和稀有的植物种类，了解主要植物群落类型，分析通灵大峡谷植物群落与环境的相互关系，熟悉植物群落的调查方法，同时培养野外独立学习的能力，巩固课堂学习的理论知识。

【实习内容】

1. 实习路线及内容

(1)实习路线：叠翠亭—山神庙—上藏金洞—天然植物王国—水帘洞。主要内容：观察沿途的棕榈科植物散尾葵、鱼尾葵、桄榔树、轴轮葵、董棕等，蕨类植物观音莲座蕨、桫椤、巢蕨、金毛狗蕨、乌毛蕨等，以及无忧花树、野芭蕉、板蓝根、白花鹅掌柴、七叶树、红毛树等，识别通灵大峡谷主要植物种类。

(2)实习路线：暗河隧道入口—宝洞瀑布—念八河隧道—念八峡。观察沿途植物的绞杀现象、根劈现象，对比分析水生植物和陆生植物的区别，了解沿途主要植物群落类型及其特征，进行植物群落样地调查和无样地调查，认识主要栽培植物种类及其栽培方法。

通灵大峡谷景区路线图如图2-2-2所示。

2. 野外植物群落调查

将学生分为若干组，指导学生应用标准样方法、中心点四分法两种方法进行群落调查，同时在调查中学会鉴定亚热带常见植物种类。

1)样方法

样方法是群落数量研究中最普遍的取样技术。样方调查界线清楚，数量明确，确定边界耗时较长，且山地陡坡采用样方法困难更大。样方法抽样的细则，包括样地大小、形状、数目和排列等，必须取决于要抽样群落的特定类型并以所预期的数据种类为基础。样方的形状大多采用方形(或长方形)，故称为样方，也有采用圆形的，称为样圆。长方形样地的长轴一般应该平行于等高线，否则高差过大，样地内可能出现生境的变化，不利于观察群落特征。

图 2-2-2　通灵大峡谷景区路线图

样方面积一般不小于群落的最小面积。最小面积是对一个特定的群落类型能够提供足够的环境空间，或者能够保证展现出该群落类型的种类组成和结构的真实特征的一定面积。最小面积一般是根据种-面积曲线来确定。在拟研究群落中选择植物生长比较均匀的地方，用绳子圈定一块小的面积。对于草本群落，最小面积为10cm×10cm，对于森林群落，则至少为5m×5m，登记这一面积中所有植物的种类，然后，按照一定顺序成倍扩大（图 2-2-3（a）），逐渐登记新物种。样方调查开始时植物种类随调查面积扩大而迅速增加，随后，随着面积扩大，植物种类增加的速度降低，最后面积再扩大植物种类也很少增加或不再增加。以样方面积为横坐标，植物累积为纵坐标，获得种-面积曲线（图 2-2-3（b））。

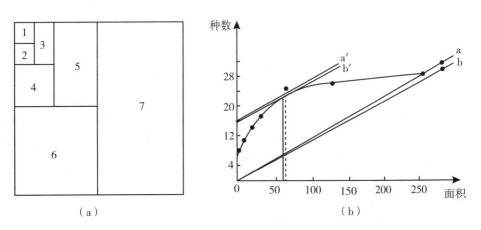

图 2-2-3　确定最小面积的程序（宋永昌，2001）

表 2-2-1   不同国家和作者建议的各类植被研究时的最小面积

(单位：m²)(引自宋永昌，2001)

Whittaker(1978)		Ellenberg(1956)		中国常用标准	
热带沼泽雨林	2000~4000	温带植被		热带雨林	2500~4000
热带次生雨林	200~1000	森林(乔木)	200~500	南亚热带森林	900~1200
混交落叶林	200~800	森林(灌木)	50~200	常绿阔叶林	400~800
温带落叶林	100~500	干草地	50~100	温带落叶阔叶林	200~400
草原群落	50~100	矮石楠灌丛	10~25	针阔混交林	200~400
密灌丛群落	25~100	干草割草场	10~25	东北针叶林	200~400
杂草群落	25~100	肥沃牧场	5~10	灌丛幼年林	100~200
温带夏旱灌木群落	10~100	农田杂草群落	25~100	高草群落	25~100
钙质土草地	10~50	苔藓群落	1~4	中草群落	25~400
高山草甸和矮灌丛	10~50	地衣群落	0.1~1	低草群落	1~2
石楠矮灌丛	10~50	各国森林调查的标准			
干草草甸	10~25	英国国家调查		400	
海岸流动沙丘群落	10~20	美国(据材、杆材)		400~800	
盐生沼泽	5~10	瑞典国家调查		138(0.03英亩)	
沙丘草地	1~10	芬兰国家森林调查		1000	
湿生先锋群落	1~4	日本木材调查		500~2000	
陆生苔藓群落	1~4	加拿大木材调查		800~1000	
附生群落	0.1~0.4	德国木材调查		100~500	

样方调查时按样地的选择标准选择样地，选择一个群落，按照最小面积确定样方的面积，如常绿阔叶林的样方面积为 400~800m²，再将样方划分为 5m×5m 的小样方，测定乔木和灌木种类，再在每个 5m×5m 的小样方内设置 1 个 1m×1m 的小样方，测定草本植物种类。

(1)乔木层数据的调查：采用每木调查法。在每个 5m×5m 的小样方内，记录树高≥3m，胸径≥2.5m 的乔木树种的植物名称、胸径(胸围)、高度、冠幅以及目测每个树种的郁闭度等，并将数据记录到乔木层样方记录表 2-2-2 内。

表 2-2-2　　　　　　　　　　　　乔木层样方记录表

调查者：　　　调查日期：　　　样方号：　　　样地面积：

郁闭度：　　　群落名称：

小样方号	植物名称	高度/m	胸围/cm	冠幅/m	枝下高/m	生活型	物候期

（2）灌木层数据的调查：在每个 5m×5m 的小样方内识别灌木层植物种类并填写植物名称、数目，目测每个灌木种类的盖度、平均高度以及多度，并将数据记录到灌木层样方记录表 2-2-3 内。

表 2-2-3　　　　　　　　　　　　灌木层样方记录表

调查者：　　　调查日期：　　　样方号：　　　样地面积：

郁闭度：　　　群落名称：

小样方号	植物名称	高度/m	层次	株数	盖度	生活型	物候期

（3）草本层数据的调查：在 1m×1m 的小样方内进行草本层每个植物物种的盖度、平均高度以及多度的调查，并将数据记录到草本层样方记录表 2-2-4 内。

表 2-2-4　　　　　　　　　　　　草木层样方记录表

调查者：　　　调查日期：　　　样方号：　　　样地面积：

郁闭度：　　　群落名称：

小样方号	植物名称	层次	高度/m		株数	盖度	生活型	物候期
			生殖苗高	叶层高				

（4）层间植物数据记载在层间植物调查表2-2-5中。

表2-2-5   **层间植物调查表**

调查者：   调查日期：   样方号：   样地面积：

郁闭度：   群落名称：

植物名称	类型			数量	被附着植物		分布情况	位置	直径/cm	物候期	方向
	藤本	附生	寄生		名称	生活型					

2）无样地取样法

无样地取样就是不设样方，而是建立中心轴线，标定距离，进行定点随机抽样的方法。这种方法的优点是随机采样避免主观，设备简单，调查时间少而迅速，特别是在山地陡坡中不易拉样方的地段，更为准确，该方法在森林和灌丛中调查应用广泛。目前无样地抽样法有四种：最近个体法、近邻法、随机成对法和中心点四分法，其中以中心点四分法的应用最为广泛。本实验采用中心点四分法。

在选定的样地内，先用罗盘定好一条定向测线x–x'，p为x–x'限定距（Curtis规定为30m）的测点。在p点上设与x轴垂直的y–y'，以p点为中心，画出四个象限，分别测定各象限内距p点最近的一株胸径大于11.5cm的大树，记名，量胸围，测树木与p点的距离。用同样的方法再测胸径为2.5~11.5cm的幼树，并记录在中心点四分法记录表2-2-6中，中心点到植物的距离应测到植物的冠层或根基的中心，不要测至植物冠层的边缘，有时不测幼树。

表2-2-6   **中心点四分法记录表**

样点	象限号	胸径>11.5cm			2.5cm≤胸径<11.5cm		
		离样点距离/m	植物名称	胸围/cm	离样点距离/m	植物名称	胸围/cm
1	1						
	2						
	3						
	4						

续表

样点	象限号	胸径>11.5cm			2.5cm≤胸径<11.5cm		
		离样点距离/m	植物名称	胸围/cm	离样点距离/m	植物名称	胸围/cm
2	1						
	2						
	3						
	4						

【仪器用品】

植物图鉴、植物标本夹、植物采样袋、枝剪、记号牌、采集记录表、吸水纸、尼龙绳、橡皮筋、地质罗盘、GPS、望远镜、皮尺、布尺、测绳、测高仪、生长锥、野外调查记录表、地形图、铅笔、橡皮等。

【注意事项】

外出要遵守纪律，注意防暑、防晒、防雨、防虫、防蛇，鞋子以运动鞋或平底鞋为宜，识别、取样野外植物标本时，做好防护措施，避免有毒植物汁液、花粉等感染。

【作业与思考题】

(1)简述通灵大峡谷的植物区系特征和主要植物群落类型。

(2)依实习路线，描述主要植物种类名称及其与环境的关系。

(3)撰写一份植物群落样地调查的分析报告。

实习三　五皇山国家地质公园野外实习

【地理概述】

广西浦北五皇山国家地质公园位于浦北县境内，属国家 AAAA 级景区，地理位置为东经 109°19′17″—109°24′45″，北纬 22°07′30″—22°12′10″，海拔 200~700m，面积 32km²。五皇山国家地质公园位于广西浦北县龙门镇马兰村西部五皇岭山脉内，地处华南板块南华活动带钦州残余地槽六万山凸起西南缘。整个园区属低山丘陵地貌区，山脊线呈鱼骨状排列，其纵向主脊线呈北东—南西走向，由人头岭、石柱岭、妹追寨等几个高程在 600~770m 的山峰组成；横向次级山脊线则呈北西—南东走向，由上丹竹、下丹竹等众多高程 200~550m 的山峰组成。五皇山国家地质公园属典型花岗岩球状风化微地貌景观，兼有流水地貌景观、中小型构造地貌景观、水体景观等地质遗迹，公园以花岗岩石蛋景观最具特色。五皇山太阳辐射强，日光充足，气候温暖，热量丰富，雨量充沛，冬短夏长，属南亚热带季风气候区，土壤类型主要以花岗岩赤红壤为主。如图 2-3-1 所示为五皇山国家地质公园卫星图像。

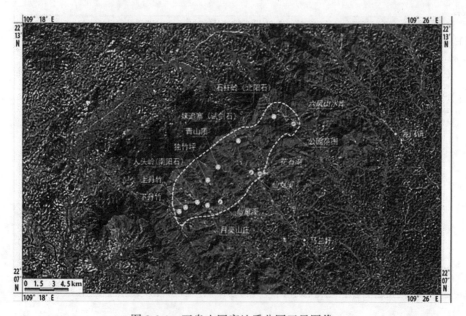

图 2-3-1　五皇山国家地质公园卫星图像

公园处于亚热带常绿阔叶林区、针阔混交林，分布有杉、松、椎、楠、桉、樟、八角、丹竹、大竹等植物。公园植物资源丰富，目前已知的野生和栽培植物有2368 种，分属于 250 科 984 属。其中：大型真菌 31 科 72 属 135 种，蕨类植物 30科 76 属 150 种，裸子植物 8 科 9 属 16 种，被子植物 181 科 827 属 2067 种（双子叶植物 1713 种，单子叶植物 354 种），国家重点保护植物有 10 种，包括桫椤、华南椎、罗汉松、竹柏、紫荆木、樟树、海南风吹楠、苏铁蕨、油杉、杜鹃。

【实习目的】

五皇山国家地质公园属典型花岗岩球状风化微地貌景观，属南亚热带季风气候区，公园植物区系丰富、植被类型复杂多样，自然植物分布的水平地带性和垂直地带性特征明显。通过植物地理学野外实习，观察公园的主要植物种类及主要植物群落类型，了解公园植物群落与环境的相互关系，分析五皇山国家地质公园植被垂直分布的特点及其形成的原因，熟悉植物群落调查方法。

【实习内容】

1. 植被观察

五皇山国家地质公园植物资源丰富，水平地带性植被为常绿阔叶林（属于基带植被），灌木丛、针阔混交林带属于垂直地带类型。公园主要植被包括阔叶林、针叶林、竹林、灌丛、草丛、草甸及沼泽植被等。

2. 植被垂直地带性分析

教师带领学生从五皇山沿低海拔向高海拔（或从高海拔向低海拔）行走，观察不同海拔的主要植被类型。五皇山海拔 600m 以上区域是平坦宽阔的天然草地；海拔 500~600m 是低矮的灌木丛，生长着成片的桃金娘和鱼蛋花树等；海拔 400~500m 为针阔混交林带，生长着阔叶樟、松杉等；而海拔 400m 以下为阔叶林带，生长着红椎、格木、紫荆木、橄榄、枫木、细叶樟、石头榕等，属亚热带雨林树种的阔叶混交林，可观察到绞杀植物、木质藤本植物、附生植物和寄生植物等热带植物群落的层间植物，并且可观察到老茎生花、花叶、滴水尖等热带植物特征。五皇山山脚则是作物带，包括水稻、荔枝、龙眼、黄皮、石榴等。通过对比分析五皇山不同海拔高度的植被类型，理清五皇山主要植物群落类型特征，并结合海拔高度数据，分析植被垂直地带性分布的规律。五皇山部分植被类型如图 2-3-2 ~ 图 2-3-6所示。

图 2-3-2　五皇山山顶台地灌丛

图 2-3-3　五皇山中的木质藤本植物

3. 考察红椎林分布，分析林内红椎菌生态适应情况

　　五皇山国家地质公园有着全国面积最大的连片红椎原始次生林(图 2-3-7)，其中混生各种草木，如甜椎、乌桕、荫香(山玉桂)、油茶、无花果、假槟榔、野芋、

图 2-3-4　岩生植物(左)和绞杀植物(右)

图 2-3-5　老茎生花现象(左)和苔藓地衣植物(右)

野芭蕉、砂仁、粽叶、桃金娘(稔子)、盐酥子、地稔花以及各种藤、蕨等。红椎是常绿乔木，材质坚硬，色泽红润，是制作家具和造船的优质木材。红椎菌(图 2-3-8)，又名红菇，红椎菌是在漫长的岁月里形成的红椎林土壤腐殖层在高温高湿的特定气候条件下，自然生长的纯天然食用菌，每年只有 5—8 月 4 个月的生长期，年产红椎菌干只有 4 万多千克，经国内大学数位专家、教授 10 多年反复研究、试验，目前仍无法进行人工栽培。因此，红椎菌便成了十分珍稀的纯天然野生菌。通过考察红椎树分布情况，了解其生活习性，分析红椎菌的生态适应特征，为红椎菌产业发展的难题提供建议。

图 2-3-6 五皇山亚热带常绿阔叶林

图 2-3-7 红椎林

图 2-3-8 红椎菌

【仪器用品】

各种植物图鉴、植物标本夹、植物采样袋、枝剪、号牌、采集记录表、吸水纸、尼龙绳、橡皮筋、地质罗盘、GPS、望远镜、皮尺、布尺、测绳、测高仪、生长锥、野外调查记录表、地形图、刻度尺、铅笔、橡皮、油笔等。

【注意事项】

外出要遵守纪律，注意防暑、防晒、防雨、防虫、防蛇、防滑，鞋子以运动鞋或平底鞋为宜，识别、采集野外植物标本时，做好防护措施，避免有毒植物汁液、花粉等感染。

【作业与思考题】

(1)阐述五皇山植被分布特征，并分析其规律。

(2)分析五皇山水土流失与植被的关系。

(3)分析五皇山周边村落分布与植被的关系。

(4)讨论五皇山植被对园林设计、药用植物、旅游开发的设想。

实习四　十万大山国家森林公园野外实习

【地理概述】

广西十万大山国家级自然保护区属广西防城港市上思县，东经 107°29′59″—108°13′11″，北纬 21°40′03″—22°04′18″，小部分位于防城区，隶属十万大山山脉，位于中国西南，邻近南海北部湾，紧靠中越边境，属森林生态系统类型自然保护区。十万大山山脉轴部地层以三叠系陆相砂岩、泥岩和砾岩为主，北翼为侏罗系砂岩、砾岩，南翼主要为印支期花岗斑岩和花岗岩。喜马拉雅运动受到花岗岩侵入的影响，发生挠曲作用，形成重叠的单斜山。十万大山西北坡平缓，东南坡陡峭，以中山为主，沟谷发育，地貌主要以山地为主。山体基岩以砂岩、砂页岩为主，土壤类型主要有赤红壤、山地红壤、山地黄壤、山地草甸土和紫色土等。十万大山属北热带季雨林地带，属南亚热带海洋性季风气候，由于十万大山的屏障作用，南坡冬季特别温暖，寒害较轻，为广西发展热带作物最理想的地方；而北坡明江谷地，寒害较重。十万大山植被资源复杂丰富，在被子植物中双子叶植物 154 科 648 属 713 种，单子叶植物 27 科 179 属 354 种，属中国大陆新记录的有 4 种，广西新记录的有 10 种；国家一级重点保护野生植物 2 种，即狭叶坡垒、十万大山苏铁；国家二级重点保护野生植物有金毛狗脊、粗齿桫椤等 13 种。植被在山体垂直带谱上分布着广西热带季雨林和广西亚热带常绿阔叶林，保护区森林覆盖率 64.8%（不含灌木林）。

【实习目的】

十万大山植被类型复杂多样，自然植物分布的水平地带性和垂直地带性特征较好。通过植物地理学野外实习，观察十万大山的植物种类及主要植物群落类型，了解十万大山热带季雨林和亚热带常绿阔叶林的群落特征，理解植被群落与环境的相互关系，进一步熟悉本地区主要的植物种类，熟悉植物群落调查方法。

【实习内容】

1. 植被观察

十万大山植物种类复杂多样，通过考察十万大山森林公园的植被类型

（图 2-4-1），了解公园内乔木、灌木、藤本及草本植物的种类。

2. 十万大山植被垂直地带性分析

十万大山山体高，垂直地带性特征较明显。十万大山北麓，海拔 800m 以上的山坡、山谷多长亚热带常绿阔叶林，以红椎、苦梓、黄樟、五节芒、箭竹和矮生芒竹群丛占优势，其中海拔 1000m 以上山顶只长矮生芒竹、龙须草和黄草，松树多生长在海拔 800m 以下的山坡。十万大山南麓，海拔 700m 以下的地带是广西热带季节性雨林生长最好的地方，热带树种繁多，主要有窄叶坡垒、乌榄、白榄、海南风吹楠、桃榔、嘿咛、肉实树、红山梅、越南桂木、黄叶树、鱼尾葵等；海拔700m 以上为亚热带常绿阔叶林，优势树种有黄果厚壳桂、厚壳桂、华桢楠、红椎等。人工林有玉桂、八角、橡胶等。十万大山是广西最大的八角和玉桂生产基地，产量占广西的 1/3 以上。

图 2-4-1　十万大山植被

【仪器用品】

各种植物图鉴、植物标本夹、植物采样袋、枝剪、号牌、采集记录表、吸水纸、尼龙绳、橡皮筋、地质罗盘、GPS、望远镜、皮尺、布尺、测绳、测高仪、生长椎、野外调查记录表、地形图、刻度尺、铅笔、橡皮、油笔等。

【注意事项】

外出要遵守纪律，注意防暑、防晒、防雨、防虫、防蛇，鞋子以运动鞋或平底鞋为宜，识别、取样野外植物标本时，做好防护措施，避免有毒植物汁液、花粉等感染。

【作业与思考题】

(1)阐述十万大山主要植被类型。

(2)论述十万大山植被分布与气候的关系。

实习五　钦州茅尾海红树林保护区野外实习

【地理概述】

茅尾海因其形似猫尾，所以过去称"猫尾海"，后来因滩涂盛长茅尾而得今名。茅尾海在钦州市南边，位于钦州湾北部海域，是钦州湾半封闭式的内海，内宽口窄，形似布袋状又如湖泊，从北到南像一个倒挂的葫芦。茅尾海东至坚心围，南至青菜头，西至茅岭江口，北至大榄江渡口，海岸线长约 120km，面积约 134km²。南北纵深约 18km，东西最宽处为 12.6km，水深 0.1～5m，水的最深处可达 29m。茅尾海是以钦江、茅岭江为主要入湾径流的共同河口海滨区，由于钦江和茅岭江的淡水长年冲积使茅尾海形成一个咸淡水的交汇处，并形成众多的浅海滩涂，同时由于常年气候温和，海中生长着丰富的微生物，为水生动物提供了丰富的饵料，使其成为钦州大蚝、青蟹、对虾、石斑鱼等海特产的主产区。

茅尾海属于南亚热带季风型海洋性气候，海内风浪平静，有利于海泥和冲积物的积累，淤泥深厚，在海滩潮间带上部分布着热带海岸植被——红树林，有 15 科 22 种，以桐花群落为主，其次为秋茄群落和白骨壤群落。红树林是热带、亚热带海湾、河口泥滩上特有的常绿灌木和小乔木群落，它生长于陆地与海洋交界带的滩涂浅滩，是陆地向海洋过渡的特殊生态系，突出特征是根系发达，能在海水中生长。中国的红树林主要分布在海南、广西、广东、福建、台湾等地，随着纬度增高，红树林的高度逐渐降低。

【实习目的】

红树林是钦州沿海特有的植被类型，通过对钦州茅尾海红树林的考察学习，了解茅尾海红树植物的主要种类、生长习性及生态适应特征，理解红树林对海岸带及滩涂生态环境的作用。

【实习内容】

1. 考察茅尾海主要红树植物种类

茅尾海红树植物主要有秋茄、桐花树、白骨壤，三种红树植物的群落特征如叶、茎、花、胎生苗等结构都不同，在实地考察时要注意区分识别，分别鉴定出三种主要红树植物。如图 2-5-1 所示。

（a）秋茄

（b）桐花树

（c）白骨壤

图 2-5-1 钦州港茅尾海红树林主要红树植物秋茄、桐花树和白骨壤

2. 观察红树植物的生态适应特征

红树植物是一种生长在热带浅水海滩潮间带或周期性海潮能够到达的入海河流中的木本植物。由于其生境特殊，故红树植物有着特殊的生态适应特征。

（1）观察红树植物的支柱根与板状根（图 2-5-2）。支柱根和板状根是红树植物的变态根，具有固定作用，是红树植物抵抗海浪作用的一种生态适应特征。

（2）观察红树植物的呼吸根。红树植物的呼吸根呈指状（图 2-5-3）、蛇状、匍匐状等，外表有粗大的皮孔，便于通气，内有海绵状的通气组织，可贮藏空气，呼吸根具有很强的再生能力。呼吸根是红树植物适应淹水环境的生态适应特征。

图 2-5-2　红树植物的支柱根和板状根

图 2-5-3　红树林的指状呼吸根

　　(3)观察红树植物的旱生和盐生结构。红树植物生境中海水盐度高，对植物容易造成高盐胁迫和水分胁迫，容易形成生理干旱。红树植物长期适应环境，形成了一整套旱生结构和盐生结构(图 2-5-4、图 2-5-5),如细胞水势低,叶肥厚革质,气孔下陷,具有良好的盐腺等。

图 2-5-4　桐花树具有良好的泌盐系统

图 2-5-5　白骨壤细胞内渗透压最高

(4)观察红树植物的胎生现象。红树植物的种子还没离开母体就开始发芽,长出绿色的棒状胚轴。"胎生"现象是幼苗对淤泥环境能及时扎根生长的适应(图 2-5-6)。

(5)红树植物富含单宁。红树植物全株均含有丰富的单宁(图 2-5-7),特别是茎皮中含有较多的优良单宁,是鞣料资源之一。

图 2-5-6　"胎生"苗的红树林

图 2-5-7　红树植物富含单宁呈红色

3. 观察红树林生态系统的生物多样性特点

红树林为潮间带生物提供了良好的生存繁殖基地，因此红树林生态系统分布着丰富的鱼、虾、蟹、鸟及各种微生物。

【仪器用品】

各种植物图鉴、植物标本夹、植物采样袋、枝剪、号牌、采集记录表、吸水纸、尼龙绳、橡皮筋、地质罗盘、GPS、望远镜、皮尺、布尺、测绳、测高仪、生长锥、野外调查记录表、地形图、刻度尺、铅笔、橡皮、油笔等。

【注意事项】

外出要遵守纪律，注意防暑、防晒、防雨、防虫、防蛇，鞋子以运动鞋或平底鞋为宜，识别、取样野外植物标本时，要做好防护措施，避免有毒植物汁液、花粉等感染。茅尾海水深，沿途观察红树林时要小心，切勿到海边玩水、打闹。

【作业与思考题】

(1)阐述红树林的环境生态作用。

(2)论述红树植物是如何适应滨海滩涂环境的。

附录 A 中国湿润区各纬度地带的 山地植被垂直带谱

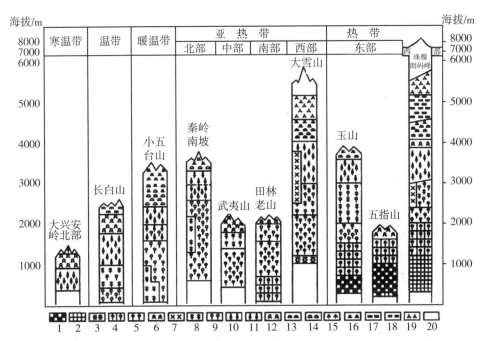

1. 季雨林、雨林；2. 季雨林；3. 肉质多刺灌丛；4. 季风常绿阔叶林；5. 常绿阔叶林；6. 常绿阔叶苔藓矮林；7. 硬叶常绿阔叶林；8. 温性针叶林；9. 落叶阔叶林；10. 寒温性常绿针叶林；11. 寒温性落叶针叶林；12. 矮曲林；13. 亚高山常绿革叶灌丛；14. 亚高山落叶阔叶灌丛；15. 常绿针叶灌丛；16. 亚高山草甸；17. 高山嵩草草甸；18. 高山冻原；19. 亚冰雪稀疏植被；20. 高山冰雪带

图附录 A-1 中国湿润区各纬度地带的山地植被垂直带谱(中国植被编辑委员会，1980)

附录 B 中国干旱区各地带的山地植被垂直带谱

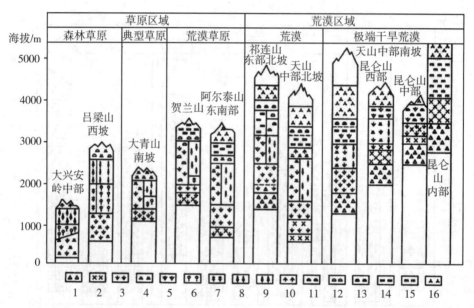

1. 盐柴类半灌木荒漠；2. 蒿类荒漠；3. 禾草草原；4. 山地草甸；5. 高寒草甸；6. 落叶阔叶林；7. 温性针叶林；8. 寒温性落叶针叶林；9. 寒温性常绿针叶林；10. 常绿针叶灌丛；11. 亚高山常绿革叶灌丛；12. 落叶阔叶灌丛；13. 高山垫状植被；14. 高山嵩草草甸；15. 高寒荒漠；16. 亚冰雪稀疏植被

图附录 B-1 中国干旱区各地带的山地植被垂直带谱(中国植被编辑委员会，1980)

附录 C　钦州市园林植物名录

本名录的顺序为：蕨类植物采用秦仁昌分类系统(1987年)；裸子植物采用郑万钧分类系统(1978年)；被子植物则用哈钦松分类系统(双子叶植物1926年，单子叶植物1936年)；双子叶植物、单子叶植物皆按照拉丁学名字母顺序排列。

蕨类植物门 PTERIDOPHYTA(2科2属2种)

F.31 铁线蕨科 Adiantaceae	假鞭叶铁线蕨　*Adiantum malesianum*
F.50 肾蕨科 Nephrolepidaceae	肾蕨 *Nephrolepis auriculata*

种子植物门 SPERMATOPHYTA(80科190属290种)

裸子植物亚门 GYMNOSPERMAE(6科7属8种)

G1 苏铁科 Cycadaceae	苏铁 *Cycas revoluta*
G3 南洋杉科 Araucariaceae	南洋杉 *Araucaria cunninghamii*
G5 杉科 Taxodiaceae	落羽杉 *Taxodium distichum*
G6 柏科 Cupressaceae	侧柏 *Platycladus orientails*
	垂柏 *Sabina chinensis*
G7 罗汉松科 Podocarpaceae	罗汉松 *Podocarpus macrophyllus* var. *macraphyllus*
	竹柏 *P. nagi*
G9 红豆杉科 Taxaceae	红豆杉 *Taxus chinensis*

被子植物亚门 ANGIOSPERMAE(74科188属282种)

双子叶植物纲 DICOTYLEDONEAE(58科135属205种)

1 木兰科 Magnoliaceae	广玉兰 *Magnolia grandiflora*
	紫玉兰 *M. liliiflora*
	白兰 *Michelia alba*
	乐昌含笑 *M. chapensis*
	含笑 *M. figo*

8 番荔枝科 Annonaceae 　　假鹰爪 *Desmos chinensis*

11 樟科 Lauraceae 　　阴香 *Cinnamomum burmannii*

香樟 *C. camphora*

兰屿肉桂 *C. kotoense*

肉桂 *C. cassia*

阔叶樟 *C. platyphyllum*

潺槁树 *Litsea glutinosa*

19 小檗科 Berberidaceae 　　南天竺 *Nandina domestica*

45 景天科 Crassulaceae 　　半枝莲 *Portulaca pilosa*

凹叶景天 *Sedum emarginatum*

53 石竹科 Caryophyllaceae 　　石竹 *Dianthus chinesis*

63 苋科 Amaranthaceae 　　大叶红草 *Altemanthera ficoidea* Ruliginosa

69 酢浆草科 Oxalidaceae 　　阳桃 *Averrhoa carambola*

71 凤仙花科 Balsaminaceae 　　凤仙花 *Impatiens balsamina*

72 千屈菜科 Lythraceae 　　紫雪茄 *Cuphea articulate*

大花紫薇 *Lagerstroemia speciosa*

紫薇 *L. indica*

75 安石榴科 Punicaceae 　　石榴 *Punica granatum*

83 紫茉莉科 Nyctaginaceae 　　三角梅 *Bougainvillea spectabilis*

斑叶叶子花 *B. spectabilis* Variegata

84 山龙眼科 Proteaceae 　　银桦 *Grevillea robusta*

88 海桐花科 Pittosporaceae 　　光叶海桐 *Pittosporum glabratum* var. *glabratum*

台湾海桐 *P. pentandrum* var. *hainanense*

104 秋海棠科 Begoniaceae 　　四季秋海棠 *Begonia semperflorens*

108 山茶科 Theaceae 　　金花茶 *Camellia chrysantha*

山茶 *C. japonica*

118 桃金娘科 Myrtaceae 　　红千层 *Callistemon rigidus*

垂枝红千层 *Callistemon viminalis*

隆缘桉 *Eucalyptus exserta*

速生桉 *E. robusta*

红果仔 *Eugenia uniflora*

黄金香柳 *Melaleuca bracteata*

白千层 *M. leucadendron*

番石榴 *Psidium guajava*

海南蒲桃 *Syzygium hainanense*

	红车 *S. hancei*
	金山蒲桃 *S. samarangense*
	水蒲桃 *S. jambos*
120 野牡丹科 Melastomataceae	野牡丹 *Melasoma malabathricum*
121 使君子科 Combretaceae	使君子 *Quisqualis indica*
	花叶榄仁 *Terminalia mantaly*
	小叶榄仁 *T. mantaly*
126 山竹子科 Guttiferae	福木 *Garcinia subelliptica*
128A 杜英科 Elaeocarpaceae	尖叶杜英 *Elaeocarpus apiculatus*
	大叶杜英 *E. balansae*
	海南杜英 *E. hainanensis*
130 梧桐科 Sterculiaceae	假苹婆 *Sterculia lanceolata*
	苹婆 *S. nobilis*
131 木棉科 Bombacaceae	木棉 *Bombax malabaricum*
	美丽异木棉 *Chorisia speciosa*
	发财树 *Pachira macrocarpa*
132 锦葵科 Malvaceae	七彩朱槿 *Hibiscus rosa-sinensis*
	黄槿 *H. tiliaceus*
	木芙蓉 *H. mutabilis*
	朱槿 *H. rosasinensis* var. *rosa-sinensis*
	木槿 *H. syriacus*
136 大戟科 Euphorbiaceae	石栗 *Aleurites moluccana*
	秋枫 *Bischofia javanica*
	蝴蝶果 *Cleidiocarpon cavaleriei*
	变叶木 *Codiaeum variegatum*
	洒金变叶木 *C. variegatum* Aucubifolium
	海南变叶木 *C. variegatum* Pictum
	柳叶变叶木 *C. variegatum* Disraeli
	肖黄栌 *Euphorbia cotinifolia*
	霸王鞭 *E. royleana*
	虎刺梅 *E. splendens*
	一品红 *E. pulcherrima*
	红背桂 *Excoecaria cochichinensis*
	琴叶珊瑚 *Jatropha pandurifolia*
	乌桕 *Sapium sebiferum*

143 蔷薇科 Rosaceae	木瓜 *Chaenomeles sinensis*
	枇杷 *Eriobotrya japonica*
	仪花 *Malus spectabilis*
	红叶石楠 *Photinia serrulata*
	桃 *Prunus persica*
	紫叶李 *P. cerasifera f. atropurpurea*
	月季 *Rose chinensis*
146 含羞草科 Mimosaceae	台湾相思 *Acacia confuse*
	马占相思 *A. mangium*
	南洋楹 *Albizia falcataria*
	红绒球 *Calliandra haematocephala*
	银合欢 *Leucaena leucocephala*
	簕仔树 *Mimosa sepiaria*
147 苏木科 Caesalpiniaceae	红花羊蹄甲 *Bauhinia blakeana*
	洋紫荆 *B. variegata*
	金边决明 *Cassia bicapsularis*
	黄槐 *C. surattensis*
	紫荆 *Cercis chinensis*
	凤凰木 *Delonix regia*
	中国无忧花 *Saraca dives*
148 蝶形花科 Papilionaceae	满地黄金 *Arachis duranensis*
	黄檀 *Dalbergia hupeana*
	降香黄檀 *Dalbergia odorifera*
	象牙红 *Erythrina corallodendron*
	鸡冠刺桐 *E. crista-galli*
	刺桐 *E. variegata*
	花榈木 *Ormosia henryi*
151 金缕梅科 Hamamelidaceae	枫香 *Liquidambar formosana*
	檵木 *Loropetahm chinense*
	红花檵木 *L. chinense* var. *rubrum*
154 黄杨科 Buxaceae	雀舌黄杨 *Buxus bodinieri*
	黄杨 *Buxus microphylla* ssp. *Sinica* var. *microphylla*
156 杨柳科 Salicaceae	垂柳 *Salix babylonica*
164 木麻黄科 Casuarinaceae	木麻黄 *Casuarina equisetifolia*
165 榆科 Ulmaceae	朴树 *Celtis sinensis*

167 桑科 Moraceae	红桂木 *Artocarpus nitidus*
	木菠萝 *A. heterophyllus*
	构树 *Broussonetia papyrifera*
	黄金榕 *Ficus microcarpa* Golden Leaves
	高山榕 *F. altissima*
	花叶高山榕 *F. altissima* Variegata
	垂叶榕 *F. benjamina*
	花叶垂榕 *F. benjamina* Variegata
	金叶垂榕 *F. benjamina* Golden Leaves
	印度橡胶榕 *F. citifolia*
	金钱榕 *F. elastica*
	花叶橡胶榕 *F. elastica* Variegata
	对叶榕 *F. hispida*
	柳叶榕 *F. irregularis*
	琴叶榕 *F. pandurata*
	薜荔 *F. pumila*
	斜叶榕 *F. tinctoria*
	黄葛榕 *F. virens*
	橡胶榕 *F. elastica*
	小叶榕 *F. microcarpa*
	菩提树 *F. religiosa*
	桑 *Morus alba*
171 冬青科 Aquifoliaceae	铁冬青 *Ilex rotunda*
190 鼠李科 Rhamnaceae	拐枣 *Hovenia acerba*
	金钱树 *Paliurus hemsleyanus*
193 葡萄科 Vitaceae	爬山虎 *Parthenocissus tricuspidata*
	葡萄 *Vitis vinifera*
194 芸香科 Rutaceae	柠檬 *Citrus limonia*
	柑橘 *C. reticulata*
	黄皮 *Clausena lansium*
	九里香 *Murraya exotica*
197 楝科 Meliaceae	四季米兰 *Aglaia duperreana*
	苦楝 *Melia azedarach*
	桃花心木 *Swietenia mahagoni*
	香椿 *Toona sinensis*

198 无患子科 Sapindaceae

龙眼 *Dimocarpus longan*

尖果栾 *Koelreuteria bipinnata*

荔枝 *Litchi chinensis*

无患子 *Sapindus mukorossi*

205 漆树科 Anacardiaceae

南酸枣 *Choerospondias axillaria*

人面子 *Dracontomelon duperreanum*

芒果 *Mangifera indica*

扁桃 *M. persiciformis*

212 五加科 Araliaceae

八角金盘 *Fatsia japonica*

幌伞枫 *Heteropanax fragrans*

澳洲鸭脚木 *S. macorostachya*

花叶鹅掌柴 *S. odorata Variegata*

215 杜鹃花科 Ericaceae

吊钟花 *Enkianthus quinque*

毛叶杜鹃 *Rhododendron spiciferum*

锦绣杜鹃 *R. pulchrum*

222 山榄科 Sapotaceae

人心果 *Manilkara zapota*

228 马钱科 Loganiaceae

非洲茉莉 *Fagraea ceilanica*

229 木犀科 Oleaceae

迎春花 *Jasminum nudiflorum*

茉莉花 *J. sambac*

金叶女贞 *Ligustrum vicaryi*

小叶女贞 *L. quihoui*

尖叶木犀榄 *Olea cuspidate*

八月桂 *Osmanthus fragrans*

四季桂 *O. fragrans* var. *semperflorens*

230 夹竹桃科 Apocynaceae

软枝黄蝉 *Allamanda cathartica*

黄蝉 *Allemanda neriifolia*

糖胶树 *Alstonia scholaris*

长春花 *Catharanthus roseus*

狗牙花 *Ervatamia divaricata*

红花夹竹桃 *Nerium indicum*

鸡蛋花 *Plumeria rubra Acutifolia*

231 萝藦科 Asclepiadaceae

夜来香 *Telosma cordata*

232 茜草科 Rubiaceae

栀子 *Gardenia jasminoides*

白蝉 *G. jasminoides* var. *fortuniana*

希茉莉 *Hamelia patens*

	龙船花 *Lxora chinensis*
	繁星花 *Pentas Lanceolata*
238 菊科 Compositae	金盏菊 *Calendula officinalis*
	波斯菊 *Cosmos bipinnatus*
	万寿菊 *Tagetes erecta*
	蟛蜞菊 *Wedelia chinensis*
249 紫草科 Boraginaceae	福建茶 *Carmona microphylla*
250 茄科 Solanaceae	矮牵牛 *Petunia hybrid*
252 玄参科 Scrophulariaceae	金鱼草 *Antirrhinum majus*
257 紫葳科 Bignoniaceae	凌霄 *Campsis grandiflora*
	猫尾木 *Dolichandrone cauda-felina*
	蓝花楹 *Jacaranda mimosifolia*
	炮仗花 *Pyrostegia venusta*
	黄花风铃木 *Tabebuia chrysantha*
259 爵床科 Acanthaceae	小驳骨 *Gendarussa vulgaris*
	翠芦莉 *Ruellia brittoniana*
	金脉爵床 *Sanchezia speciosa*
263 马鞭草科 Verbenaceae	黄素梅 *Duranta repens*
	花叶假连翘 *D. repens Variegata*
	蔓马缨丹 *Lantana montevidensis*
	五色梅 *L. camara*

单子叶植物纲 MONOCOTYLEDONEAE（16 科 53 属 77 种）

264 唇形科 Lamiaceae	彩叶草 *Coleus blumei*
	一串红 *Salvia splendens*
267 泽泻科 Alismataceae	泽泻 *Alisma orientale*
280 鸭跖草科 Commelinaceae	蚌花 *Rhoeo discolor*
	紫鸭趾草 *Setcreasea purpurea*
	吊竹梅 *Zebrina pendula*
286 凤梨科 Bromeliaceae	凤梨 *Ananas comosus*
287 芭蕉科 Musaceae	芭蕉 *Musa basjoo*
288 旅人蕉科 Strelitziaceae	旅人蕉 *Ravenala madagascariensis*
290 姜科 Zingiberaceae	花叶良姜 *Alpinia sanderae*
291 美人蕉科 Cannaceae	大花美人蕉 *Canna generalis*
293 百合科 Liliaceae	天门冬 *Asparagus cochinchinensis*

	吊兰 *Chlorophytum commsum*
	沿阶草 *Ophiopogon bodinieri*
	银边沿阶草 *O. intermedius* Argenteo
	吉祥草 *Reineckia carnea*
302 天南星科 Araceae	海芋 *Alocasia macrorrhiza*
	绿萝 *Epipremnum aureum*
	龟背竹 *Monstera deliciosa*
	春羽 *Philodenron selloum*
	花叶绿萝 *Scindapsus aureus* var. *wilcoxii*
	合果芋 *Syngonium podophyllum*
	马蹄莲 *Zantedeschia aethiopica*
306 石蒜科 Amaryllidaceae	西南文殊兰 *Crinum latifolium*
	葱兰 *Zephyranthes candida*
	韭兰 *Z. grandiflora*
307 鸢尾科 Iridaceae	射干 *Belamcanda chinensis*
	鸢尾 *Iris tectorum*
313 龙舌兰科 Agavaceae	金边龙舌兰 *Agave Americana* var. *variegate*
	剑麻 *A. sisalana*
	酒瓶兰 *Beaucarnea recurvata*
	朱蕉 *Cordyline fruticosa*
	五彩朱蕉 *Cordyline fruticosa* Goshikiba
	金线山菅兰 *Dianella ensifolia* Marginata
	银边山菅兰 *D. ensifolia* White Wariegated
	龙血树 *Dracaena angustifolia*
	剑叶龙血树 *D. cochinchinensis*
	巴西铁 *Draceana fragrans* var. *victoria*
	虎尾兰 *Sansevieria trifasciata*
	金边虎尾兰 *S. trifasciata* var. *laurentii*
	荷兰铁 *Yucca elephantipes*
314 棕榈科 Palmae	假槟榔 *Archontophoenix alexandrae*
	三药槟榔 *Areca triandra*
	布迪椰子 *Butia capitata*
	短穗鱼尾葵 *Caryota mitis*
	董棕 *C. obtusa*
	鱼尾葵 *C. ochlandra*

袖珍椰子 *Chamaedorea elegans*

散尾葵 *Chrysalidocarpus lutescens*

三角椰子 *Dypsis decaryi*

酒瓶椰子 *Hyophorbe lagenicaulis*

红脉葵 *Laltania lontaroides*

蒲葵 *Livistona chinensis*

加拿利海枣 *Phoenix canariensis*

软叶刺葵 *P. roebelenii*

银海枣 *P. sylvestris*

国王椰子 *Ravenea rivularis*

棕竹 *Rhapis excels*

细叶棕竹 *R. gracilis*

大王椰 *Roystonea regia*

皇后葵 *Syagrus romanzoffiana*

棕榈 *Trachycarpus fortune*

华盛顿葵 *Washingtonia filifera*

狐尾葵 *Wodyetia bifurcate*

315 露兜树科 Pandanaceae　　红刺露兜树 *Pandanus utilis*

331 莎草科 Cyperaceae　　风车草 *Cyperus alternifolius* subsp. *Flabelliformis*

水葱 *Softstem bulrus*

332A 禾本科 Poaceae　　箣竹 *Bambusa blumeana*

粉单竹　*B. chungii*

孝顺竹 *B. multiplex*

小琴丝竹　*B. multiplex* Alphonse

凤尾竹 *B. multiplex* Fernleaf

观音竹 *B. multiplex* var. *Riviereorum*

撑蒿竹 *B. pervariabilis* var. *pervarialilis*

青皮竹 *B. textilis*

佛肚竹 *B. ventricosa*

黄金挂绿竹 *B. vulgaris* Vittata

花叶芦竹 *Arundo donax* var. *versicolor*

马尼拉草 *Zoysia matrella*

附录 D　部分种子植物科的简要识别特征、分布及常见种类(参考)

E1 裸子植物

1. 苏铁科(Cycadaceae)：常绿木本，茎通常不分支；叶二形，鳞叶小，被褐色毛，营养叶大，羽状深裂，集生于茎顶，幼时拳卷；雌雄异株，种子核果状，胚乳丰富；广布于亚洲、大洋洲和非洲等地。如：苏铁、海南苏铁、华南苏铁、台湾苏铁等。

2. 银杏科(Ginkgoaceae)：落叶乔木；叶片扇形，二叉状脉序；分长短枝，雌雄异株，种子核果状。中生代孑遗植物，浙江天目山发现有野生种群。如：银杏(单属种植物)。

3. 松科(Pinaceae)：乔木，稀灌木，多常绿；叶针形或钻形，螺旋状排列，单生或簇生；球果的种鳞与苞鳞半合生或合生，种子通常有翅；大多分布于北半球。如：马尾松、湿地松、雪松、黑松、黄山松等。

4. 杉科(Taxodiaceae)：乔木；叶披针形或钻形，叶、种鳞均为交互对生或轮生；球果的种鳞与苞鳞多为半合生，种子具窄翅；主要分布于北温带。如：杉木、水杉、落羽杉、柳杉、水松、北美红杉等。

5. 柏科(Cupressaceae)：木本；叶鳞形或刺形，叶、种鳞均为交互对生或轮生；球果的种鳞与苞鳞合生，球果多圆球形；南北半球均有分布。如：侧柏、圆柏、刺柏、翠柏、崖柏、福建柏等。

6. 罗汉松科(Podocarpaceae)：常绿木本；叶线形，披针形或阔长圆形、针形或鳞片状，互生，稀对生；孢子叶球多单性异株，种子核果状或坚果状，为肉质假种皮所包围，着生于种托上；主产于热带、亚热带及南温带地区，南半球分布最多。如：罗汉松、竹柏、长叶竹柏等。

7. 红豆杉科(Taxaceae)：常绿乔木或灌木，叶线形或披针形，叶柄常扭转，多排成 2 列，下面沿中脉两侧各有 1 条气孔带；球花单性，雌雄异株；种子核果状或坚果状，包于杯状或囊状假种皮中，胚乳丰富；主要分布于北半球。如：榧树、白豆杉、红豆杉、云南红豆杉等。

8. 三尖杉科(Cephalotaxaceae)：常绿木本；叶针形或线形，互生或对生，常 2

列；种子核果状或坚果状，为由珠托发育成的肉质假种皮所全包或半包；分布于亚热带、东亚南部及中南半岛。如：三尖杉、粗榧等。

9. 麻黄科(Ephedraceae)：灌木、亚灌木或草本状，小枝对生或轮生，具节；叶退化成鳞片状，对生或轮生；孢子叶球单性，多异株；分布于亚洲、美洲、欧洲东南部及非洲北部干旱、荒漠地区。如：草麻黄、木贼麻黄。

10. 买麻藤科(Gnetaceae)：多为常绿木质藤本，茎节由上、下两部接合而成，呈膨大关节状；单叶对生，椭圆形或卵形，革质或半革质，极似双子叶植物；孢子叶球单性，异株，稀同株；种子核果状，包于肉质假种皮中。分布于亚洲、美洲及南美洲的热带及亚热带地区。如：买麻藤、小叶买麻藤。

E2 被子植物

11. 木兰科(Magnoliaceae)：木本；单叶互生，托叶包被幼芽，早落，在节上留有托叶环；聚合果，稀翅果或浆果；主要分布于亚洲的热带和亚热带，少数分布在北美南部和中美洲，集中分布在我国西南部、南部及中南半岛。如：玉兰、白兰、含笑、八角。

12. 八角科(Magnoliaceae)：常绿木本；单叶互生，无托叶，揉碎后具香气；心皮离生，轮状排列，多为聚合蓇葖果；分布于亚洲东南部和美洲，主产地为中国西南部至东部。如：八角、地枫皮、莽草。

13. 樟科(Lauraceae)：木本；单叶互生三出脉或羽状脉，揉碎后具芳香；花药瓣裂，第三轮雄蕊花药外向；浆果或核果，含一粒种子；主产于热带和亚热带。如：香樟、肉桂、阴香、楠木、木姜子。

14. 五味子科(Schisandraceae)：藤本；单叶互生，无托叶；花单性；聚合果呈球状或散布于极延长的花托上；种子藏于肉质的果肉内；间断分布于亚洲东南部和北美东南部。如：五味子、南五味子。

15. 番荔枝科(Annonaceae)：木本；单叶互生，无托叶；雄蕊多数，螺旋排列；成熟心皮离生或合生成一肉质的聚合浆果；种子通常有假种皮；主产于世界热带和亚热带地区。如：番荔枝、鹰爪花。

16. 毛茛科(Ranunculaceae)：多草本；裂叶或复叶；花两性，各部离生，雄蕊和雌蕊螺旋状排列于膨大的花托上；多瘦果或蓇葖果；主要分布在北温带和寒带。如：芍药、毛茛、铁线莲、耧斗菜、飞燕草、乌头、黄连。

17. 睡莲科(Nymphaeaceae)：水生草本；有根状茎；叶盾形或心形；花大，单生；果实埋于海绵质的花托内，浆果状；广泛分布于北半球温带和亚热带地区。如：睡莲、王莲、荷花、芡实。

18. 小檗科(Berberidaceae)：单叶或复叶，花单生或排成总状花序，花瓣常变为蜜腺，雄蕊与花瓣同数且与其对生，花药活板状开裂；浆果或蒴果；主产于北温带和亚热带高山地区。如：南天竹、小檗、十大功劳。

19. 防己科(Menispermaceae)：多攀缘或藤本植物；单叶互生，常为掌状叶脉；花单性异株，心皮离生；核果；多分布于热带和亚热带地区。如：木防己、千金藤。

20. 木通科(Lardizabalaceae)：藤本；常掌状复叶互生；花单性，单生或总状花序，花各部 3 基数，花药外向纵裂；肉质的蓇葖果或浆果。主产于亚洲东部，我国主要分布在长江以南各省。如：木通、大血藤。

21. 马兜铃科(Aristolochiaceae)：草本或藤本；叶常心形；花两性，常有腐肉气，花被通常单层、合生、管状弯曲，子房下位或半下位；蒴果；主产于热带和亚热带地区，以南美洲为多。如：马兜铃、细辛。

22. 胡椒科(Piperaceae)：叶常有辛辣味，离基 3 出脉；花小，裸花；浆果状核果排成重穗状；产于热带和亚热带温暖地区。如：胡椒、草胡椒。

23. 罂粟科(Papaveraceae)：植物体有白色或黄色汁液；无托叶；萼早落，雄蕊多数，离生，侧膜胎座；蒴果，瓣裂或顶孔开裂；广泛分布于温带和亚热带地区。如：罂粟、荷包牡丹、虞美人。

24. 十字花科(Brassicaceae)：草本；总状花序，十字形花冠，四强雄蕊；角果；广布于全世界，主产于北温带。如：萝卜、白菜、甘蓝、羽衣甘蓝、紫罗兰、拟南芥。

25. 堇菜科(Violaceae)：单叶，有托叶；萼片 5，常宿存，花瓣 5，下面一枚常扩大基部囊状或有距，侧膜胎座；蒴果或浆果；广布于世界各洲，温带、亚热带及热带均产。如：堇菜、三色堇、紫花地丁。

26. 远志科(Polygalaceae)：单叶，有托叶；萼片 5，其中两片常为花瓣状，花瓣不等大，下面一瓣为龙骨状，花丝合生成一鞘，蒴果、翅果、坚果或核果；广布于全世界，尤以热带和亚热带地区最多。如：远志、黄叶树。

27. 景天科(Crassulaceae)：草本；叶肉质；花整齐，两性，基数 5，各部离生，雄蕊为花瓣同数或两倍，多蓇葖果；分布于非洲、亚洲、欧洲、美洲。以中国西南部、非洲南部及墨西哥种类较多。如：景天、伽蓝菜、落地生根。

28. 虎耳草科(Saxifragaceae)：草本；叶常互生，无托叶；雄蕊着生在花瓣上，子房与萼状花托分离或合生；蒴果，浆果，小蓇葖果或核果；全球广布，主产于温带。如：虎耳草、岩白菜。

29. 石竹科(Caryophyllaceae)：草本；节膨大，单叶对生；二歧聚伞花序，萼宿存，石竹形花冠；蒴果；主要分布在欧洲、亚洲和地中海地区。如：石竹、康乃馨、剪秋罗。

30. 马齿苋科(Portulacaceae)：肉质草本；单叶，全缘，互生或对生，常肉质；萼片通常 2，花瓣常早萎，基生中央胎座；蒴果，盖裂或瓣裂；广布于全世界，主产南美。如：马齿苋、土人参。

31. 蓼科(Polygonaceae)：草本，节膨大；单叶互生，全缘，托叶通常膜质，鞘状包茎或叶状贯茎；瘦果或小坚果三棱形或凸镜形，包于宿存的花萼中；主产于北温带，少数在热带，多生长于水边或沼生地。如：荞麦、何首乌、蓼、酸模。

32. 藜科(Chenopodiaceae)：草本；花小，单被，草质或肉质，雄蕊对花被；胞果；广泛分布于欧亚大陆、南北美洲、非洲和大洋洲的温带半干旱及盐碱地区。如：藜、菠菜、甜菜。

33. 苋科(Amaranthaceae)：多草本或灌木；花小，单被，常干膜质，雄蕊常和花被片同数且对生；常为盖裂的胞果；主要分布于热带和温带地区。如：牛膝、莲子草、千日红、鸡冠花。

34. 牻牛儿苗科(Geraniaceae)：草本，稀灌木；有托叶；4~5萼片，背面一片有时有距；蒴果，成熟时果瓣由基部向上翻起，但为花柱所连接，属古地中海分布。如：天竺葵。

35. 酢浆草科(Oxalidaceae)：多草本，稀乔灌木；指状复叶或羽状复叶；花两性，辐射对称，萼5裂，花瓣5，雄蕊10枚，子房基部合生，花柱5个，中轴胎座；蒴果或肉质浆果；主产于南美洲。如：杨桃、酢浆草。

36. 凤仙花科(Balsaminaceae)：肉质草本；花有颜色，最下面一枚萼片延伸成一管状的距；蒴果，弹裂；主要分布于亚洲热带和亚热带及非洲，少数种在欧洲。如：凤仙花、水角。

37. 千屈菜科(Lythraceae)：叶对生，全缘，无托叶；花瓣在花蕾中常褶皱，花丝不等长，在花蕾中常内折，着生于萼管上；蒴果；主要分布在热带和亚热带地区。如：千屈菜、紫薇、水芫花。

38. 柳叶菜科(Onagraceae)：草本；花托延伸于子房上呈萼管状，子房下位；多为蒴果，广布于温带与热带地区，以温带为多。如：柳叶菜、倒挂金钟、月见草。

39. 胡桃科(Juglandaceae)：落叶乔木；羽状复叶；单性花，雌雄同株；雄花序常为葇荑状，单生或数条成束生；雌花序穗状或稀葇荑状子房下位；坚果核果状或具翅；主要分布于北半球。如：胡桃、枫杨、人面子、山核桃。

40. 瑞香科(Thymelaeaceae)：多木本，树皮柔韧；单叶全缘，互生或对生，无托叶；花萼花瓣状，合生，花瓣鳞片状或缺，雄蕊萼生，花药分离；浆果、核果或坚果；主产于非洲南部、地中海沿岸至大洋洲，我国主产于长江流域及以南地区。如：沉香、瑞香、结香。

41. 杨柳科(Salicaceae)：木本；单叶互生，有托叶；花单性异株，葇荑花序，每一花生于苞片腋内，子房一室；蒴果2~4瓣裂；主要分布于北半球寒带至温带地区。如：旱柳、垂柳、毛白杨、大叶杨。

42. 桦木科(Betulaceae)：落叶乔木；单叶互生；单性同株，雄花序为柔荑花序，每一苞片内有雄花 3~6 朵，雌花为圆锥形球果状的穗状花序，2~3 朵生于每一苞片腋内，坚果有翅或无翅；主要分布于北温带。如：鹅耳枥、白桦、红桦。

43. 壳斗科(Fagaceae)：木本；单叶互生，托叶早落，羽状脉直达叶缘；子房下位；坚果，包于壳斗(木质化的总苞)内；主要分布于欧洲、亚洲东半部和北美洲。如：水青冈、麻栎、红锥、白锥。

44. 榆科(Ulmaceae)：木本；单叶互生，常二列，有托叶；花小，单被花，雄蕊着生于花被的基底，常与花被裂片对生；果为翅果、坚果或核果；主要产于北半球，分布于热带至寒温带。如：榆树、朴树、青檀。

45. 桑科(Moraceae)：木本，常有乳汁；单叶互生；花小，单性，单被，四基数；较大型的聚花果；多产热带，亚热带，少数分布在温带地区。如：桑、无花果、小叶榕、高山榕、菠萝蜜。

46. 荨麻科(Urticaceae)：草本、亚灌木或灌木；茎皮纤维发达；叶内对生或互生，多具托叶；花单性，单被，聚伞花序；核果或瘦果；重要的纤维织物，分布于热带和温带地区。如：荨麻、苎麻、水麻、冷水花、楼梯草。

47. 桑寄生科(Loranthaceae)：半寄生性植物；由变态的吸根伸入寄主植物的枝丫中；具正常叶或退化为鳞片状；双被花大而颜色鲜艳，杯状花托，子房下位；浆果或核果；主产于世界热带地区，温带分布较少。如：桑寄生、槲寄生。

48. 金缕梅科(Hamamelidaceae)：木本，具星状毛；单叶互生；萼筒与子房壁结合，子房下位，有 2 心皮基部合生组成，2 室，蒴果木质，顶部开裂；主要分布于亚洲东部。如：金缕梅、枫香、红花荷。

49. 悬铃木科(Platanaceae)：落叶乔木；侧芽藏在叶柄基部内；单叶互生，常掌状脉或掌状分裂，花单性同株，球形头状花序；聚合果呈球形；分布于北美、东欧及亚洲西部。如：二球悬铃木。

50. 蔷薇科(Rosaceae)：草本、灌木或小乔木；叶互生，常有托叶；花两性，花部 5 基数，轮状排列，周位花；核果、聚合瘦果、蓇葖果、梨果等果实，分布于全世界，北温带较多。如：蔷薇、草莓、绣线菊、苹果、梨、樱桃、石楠、桃、杏。

51. 含羞草科(Mimosaceae)：木本或草本；羽状复叶；花辐射对称，雄蕊常多数；荚果，产于全世界热带、亚热带及温带地区。如：含羞草、合欢、金合欢、朱缨花。

52. 苏木科(Caesalpiniaceae)：又名云实科，木本；花数枚，花两侧对称，花瓣上升覆瓦状排列，雄蕊 10 枚或较少，顶生或腋生的伞房花序；离生；荚果；主要分布于热带和亚热带地区。如：决明、腊肠树、凤凰木、羊蹄甲。

53. 蝶形花科(Papilionaceae)：草本、灌木或乔木；常见为复叶，多互生，有托叶；花两侧对称，蝶形花冠，花瓣下降呈覆瓦状排列，雄蕊 10，常二体雄蕊；荚果；广布于全世界，中国各省均有。如：大豆、豇豆、落花生、紫藤、油麻藤、崖豆藤。

54. 芸香科(Rutaceae)：单叶、单身复叶(如柑橘属)或羽状复叶，无托叶；叶上具透明小点(油腺，含芳香油)；花两性或单性，辐射对称，下位花盘，外轮雄蕊常与花瓣对生，具花盘；蓇葖果、蒴果、翅果、核果或柑果；主产于热带和亚热带，少数生于温带。如：柚、橙、柑、橘、枳、花椒。

55. 无患子科(Sapindaceae)：常羽状复叶或掌状复叶；聚伞圆锥花序顶生或腋生；苞片和小苞片小；花通常小，多单性；种子较大，有些种的种子具假种皮。广布于热带和亚热带地区。如：荔枝、龙眼、掌叶木、文冠果。

56. 槭树科(Aceraceae)：乔木或灌木，单叶或复叶对生，常掌状分裂，无托叶；翅果，主要产于亚、欧、美三洲的北温带地区。如：鸡爪槭、红枫。

57. 漆树科(Anacardiaceae)：乔木或灌木，单叶或羽状复叶，花小，辐射对称，雄蕊内有花盘，子房常 1 室；核果；韧皮部具裂生性树脂道，分泌乳液或水状汁液；分布于全球热带、亚热带。如：漆树、杧果、黄连木、黄栌。

58. 冬青科(Aquifoliaceae)：常绿木本；单叶常互生；花单性异株，排成腋生的聚伞花序或簇生花序，无花盘；浆果状核果；世界广布种。如：冬青、救必应、枸骨。

59. 卫矛科(Celastraceae)：乔木或灌木，常攀缘状，单叶对生或互生；花小，淡绿色，聚伞花序，子房常为花盘所绕或多少陷入其中，雄蕊位于花盘之上、边缘或下方；种子常有肉质假种皮；分布于温带、亚热带和热带。如：卫矛、南蛇藤。

60. 大戟科(Euphorbiaceae)：草本或木本，多单叶互生，植物体常有乳汁；花单性，子房上位，常三室，胚珠悬垂；常蒴果或浆果状或核果状；多分布于热带和亚热带地区。如：重阳木、乌桕、麻风树。

61. 鼠李科(Rhamnaceae)：木本，单叶互生，叶脉显著；花瓣着生于萼筒上并与雄蕊对生，花瓣常凹形，花盘明显；常为核果；分布于温带、热带和亚热带地区。如：鼠李、枣、酸枣。

62. 椴树科(Tiliaceae)：常为木本，树皮柔韧；单叶互生，基出脉，常被星状毛，有托叶；聚伞花序，花 5 基数，花瓣内侧常有腺体，雄蕊常多数，子房上位，柱头锥状或盾状，蒴果、核果或浆果；主要分布于热带及亚热带地区。如：椴树、蚬木。

63. 葡萄科(Vitaceae)：多木质藤本，有卷须；单叶、羽状或掌状复叶，互生；花序与叶对生；雄蕊与花瓣对生；浆果；主要分布于热带和亚热带地区，少数种类分布于温带。如：地锦、葡萄、乌蔹莓。

64. 锦葵科(Malvaceae)：单叶互生，常为掌状叶脉，有托叶；花常具副萼，单体雄蕊具雄蕊管；蒴果或分裂为数个果瓣的分果；分布于热带至温带。如：锦葵、木槿、蜀葵。

65. 猕猴桃科(Actinidiaceae)：藤本，植物体毛被发达；单叶互生，无托叶；花序腋生，花药背部着生；浆果或蒴果；主产于热带和亚洲热带，我国主产于长江流域、珠江流域和西南地区。如：猕猴桃。

66. 梧桐科(Sterculiaceae)：多木本，幼嫩部分常有星状毛，树皮柔韧；叶互生，常有托叶；通常有雌雄蕊柄，雄蕊的花丝常合生成管状；常为蒴果或蓇葖果；多分布于热带和亚热带地区。如：梧桐、火桐、苹婆。

67. 山茶科(Theaceae)：常绿木本；叶革质，单叶互生；花单生或簇生，有苞片，雄蕊多数，常花丝基部合生而成数束雄蕊，中轴胎座；蒴果或核果；主要分布于热带和亚热带地区，我国主产于长江以南各地。如：茶、山茶、油茶、木荷。

68. 胡颓子科(Elaeagnaceae)：木本，全株被银色或金褐色盾形鳞片；单叶全缘；单被花，花被管状；主要分布于亚洲东南地区。如：胡颓子、沙棘。

69. 桃金娘科(Myrtaceae)：常绿木本；单叶全缘，无托叶，具透明油点；花萼或花瓣常连成帽状体，雄蕊在花蕾时卷曲或折曲，5 基数，子房下位，中轴胎座；主要分布于美洲热带、大洋洲及亚洲热带。如：桃金娘、桉树、水蒲桃。

70. 清风藤科(Sabiaceae)：叶互生；花瓣常为 5 片，其内方 2 片通常较小，雄蕊与花瓣对生，花药常具厚的药隔，有花盘，子房通常 2 室；核果；主要分布于亚洲和美洲的热带地区。如：清风藤。

71. 野牡丹科(Melastomataceae)：单叶，具基出脉；花萼合生，与子房基部结合，花药孔裂，药隔通常膨大而下延成长柄或短柄，子房下位；蒴果或浆果；分布于热带和亚热带地区。如：野牡丹。

72. 泽泻科山茱萸科(Cornaceae)：多木本；单叶；花序有苞片或总苞片，萼管与子房合生，花瓣与雄蕊同生于花盘基部，子房下位；多核果；主要分布于南北半球的温带至热带高山地区。如：桃叶珊瑚、灯台树、四照花、梾木。

73. 伞形科(Apiaceae)：芳香性草本；常有鞘状叶柄；单生或复生的伞形花序，五基数花，上位花盘，子房下位；双悬果；广布于北温带至热带和亚热带高山地区。如：芹菜、芫荽、胡萝卜、当归。

74. 五加科(Araliaceae)：木本，稀草本；叶互生，稀轮生；伞形花序，五基数花，子房下位；浆果或核果；分布于两半球热带至温带地区。如：鸭脚木、掌叶树、八角金盘。

75. 杜鹃花科(Ericaceae)：木本；有具芽鳞的冬芽；单叶互生；花萼宿存，合瓣花，雄蕊生于下位花盘的基部，花药孔裂；多蒴果；适应于气候温凉、空气湿润、土壤偏酸的生境。如：杜鹃花、吊钟花。

76. 柿树科(Ebenaceae)：木本；单叶全缘；花常单性，花萼宿存；浆果；分布于热带、亚热带。如：柿。

77. 山矾科(symplocaceae)：木本；单叶互生，无托叶；花萼常宿存，合瓣花，冠生雄蕊，子房下位；核果或浆果，顶端冠以宿存的花萼裂片；广布于亚洲、大洋洲和美洲的热带和亚热带。如：腺叶山矾、厚叶山矾。

78. 报春花科(Primulaceae)：草本；常有腺点和白粉；花两性，雄蕊与花冠裂片同数而对生，特立中央胎座；蒴果；主产于北半球温带和较寒冷地区。如：报春花、仙客来。

79. 龙胆科(Saccifoliaceae)：常草本；单叶对生，无托叶；两性花，花冠裂片右向旋转排列，冠生雄蕊与花冠裂片同数而互生；蒴果；主产于温带和高山地区。如：龙胆、穿心草。

80. 夹竹桃科(Apocynaceae)：多草本，具汁液；单叶对生或轮生；两性花，辐射对称；浆果、核果、蒴果或蓇葖果；种子常一端被毛；主要分布于世界热带和亚热带地区。如：夹竹桃、鸡蛋花、络石、海杜果、长春花。

81. 萝藦科(Asclepiadaceae)：多草本，具乳汁；单叶对生或轮生；有副花冠，雄蕊花丝合生成管包围雌蕊，具花粉块；蓇葖果；种子顶端被毛；分布于世界热带、亚热带，少数分布于温带地区。如：萝藦、牛角瓜。

82. 茄科(Solanaceae)：多草本；单叶互生；花萼宿存，果时常增大，雄蕊冠生，与花冠裂片同数而互生，花药常孔裂，心皮2，合生；浆果或蒴果；广泛分布于全世界温带及热带地区，南美洲为最大的分布中心。如：烟草、番茄、茄、辣椒。

83. 旋花科(Convolvulaceae)：藤本；叶互生；两性花，有苞片，萼片常宿存，合瓣花，常单生于叶腋，5基数；蒴果或浆果；广布全球，主产于美洲和亚洲的热带与亚热带。如：甘薯、牵牛花、打碗花、茑萝。

84. 马鞭草科(Verbenaceae)：草本或木本，叶对生；基本花序为穗状或聚伞花序，花萼宿存，花冠合瓣，多左右对称，雄蕊4枚，子房上位，花柱顶生；核果或浆果；主要分布于热带和亚热带地区。如：马鞭草、马缨丹、黄荆。

85. 唇形科(Lamiaceae)：常草本，含芳香油；茎四棱；叶对生；花冠唇形，轮伞花序，2枚强雄蕊，2个心皮子房，裂成4室，花柱生于子房裂隙的基部；4个小坚果；世界性分布。如：薄荷、紫苏、黄芩、一串红。

86. 紫金牛科(Myrsinaceae)：木本；单叶互生，常有腺点；花萼宿存，多有腺点，冠生雄蕊与花冠裂片同数且对生，花药背面常有腺点，一室子房；核果或浆果；主要分布于南、北半球热带和亚热带地区。如：紫金牛、密花树。

87. 木犀科(Oleaceae)：木本；叶常对生；花整齐，花萼通常4裂，花冠4裂，雄蕊2枚，子房上位，2室，每室常2胚珠；广布于两半球的热带和温带地区。如：桂花、白蜡、木犀榄、女贞。

88. 玄参科(Scrophulariaceae)：常为草本，单叶，常对生；花左右对称，花被4 或 5 裂，常有 2 枚强雄蕊，心皮 2 室；多蒴果；广布种。如：玄参、婆婆纳、毛地黄、马先蒿。

89. 桔梗科(Campanulaceae)：常为草本，含乳汁；单叶互生；钟状花冠，子房上位，常 3 室；蒴果；主产地为温带和亚热带地区。如：桔梗、半边莲。

90. 茜草科(Rubiaceae)：乔木、灌木或草本；单叶互生，托叶位于叶柄间或叶柄内；合瓣花，子房下位，2 室；蒴果、浆果或核果；广布于全世界的热带和亚热带地区。如：茜草、龙船花、小果咖啡、栀子。

91. 忍冬科(Caprifoliaceae)：常木本；叶对生，无托叶；合瓣花，子房下位，常 3 室，浆果、蒴果或核果；主要分布于北温带和热带高海拔山地，东亚和北美东部种类最多。如：忍冬、接骨木、荚蒾。

92. 列当科(Orobanchaceae)：寄生草本，无叶绿素；茎常单一；叶鳞片状；唇形花冠，2 强雄蕊冠生；蒴果 2 裂；主产于亚欧大陆温带地区。如：列当、苁蓉、肉苁蓉。

93. 苦苣苔科(Gesneriaceae)：常单叶对生、轮生或簇生；花冠常唇形，冠生雄蕊，花药常成对连着，一室子房，侧膜胎座，倒生胚珠；蒴果；分布于亚洲东部和南部、非洲、欧洲南部、大洋洲等地区。如：苦苣苔、单座苣苔。

94. 爵床科(Acanthaceae)：常为草本；叶对生，无托叶，节部常膨大；总状花序、穗状花序或聚伞花序；蒴果；种子常具钩；主要分布于热带地区。如：老鼠簕、银脉爵床、翠芦莉。

95. 菊科(Asteraceae)：常为草本；叶互生，少对生或轮生；头状花序，有总苞，合瓣花，聚药雄蕊，子房下位；连萼瘦果；被子植物第一大科，全球广布，主产于温带地区。如：菊花、蒲公英、千里光、茼蒿。

96. 车前科(Plantaginaceae)：草本；叶基生，基部成鞘；穗状花序，花四基数，花单生于苞片腋部，花冠干膜质；蒴果；广布种。如：车前草。

97. 败酱科(Valerianaceae)：多草本；单叶对生或基生，多羽状分裂；聚伞花序或头状花序，子房下位，3 室，仅 1 室发育，1 胚珠；瘦果；主要分布于北温带。如：败酱草。

98. 川续断科(Dipsacaceae)：草本；叶常对生；花序基部有总苞片，花序轴上有多数苞片，每苞片腋生 1 花，子房下位，1 室，1 胚珠；瘦果包围于增大的小总苞中；主要分布于地中海区、亚洲和非洲南部。如：川续断。

99. 葫芦科(Cucurbitaceae)：藤本，卷须生于叶腋；单叶互生，掌裂；花单性，5 基数，侧膜胎座，子房 3 心皮，子房下位；瓠果；主产于热带和亚热带。如：西瓜、南瓜、葫芦、佛手、绞股蓝。

100. 菟丝子科(Cuscutaceae)：寄生草本；茎缠绕，黄色或红色；无叶，退化成小鳞片；花小，排成总状、穗状或头状花序；子房上位，2室；蒴果；广泛分布于全世界暖温带，主产于美洲。如：菟丝子。

101. 泽泻科（Alismataceae）：水生或沼泽生草本；有根状茎，叶大多数基生，直立或浮水以至沉水；花在花轴上轮状排列，外轮花被萼状；心皮离生，聚合瘦果；主要产于北半球温带至热带地区，大洋洲、非洲亦有分布。如：慈姑、泽泻。

102. 棕榈科（Arecaceae）：木本；树干不分枝；叶常为羽状或扇形分裂，在芽中呈折扇状，多集中在树干顶部；肉穗花序，花3基数；多为核果、浆果；多分布于热带、亚热带地区，以热带美洲和热带亚洲为分布中心。如：棕榈、槟榔、散尾葵、大王椰、椰子、蒲葵。

103. 天南星科（Araceae）：草本，具块茎或伸长的根茎；叶互生或基生，具对人的舌有刺痒或灼热感的汁液；肉穗花序，具佛焰；浆果；产于热带、亚热带及温带地区，尤以热带分布较多。如：天南星、海芋、龟背竹、红掌、白掌。

104. 鸭跖草科（Commelinaceae）：一年生或多年生草本；叶互生，有叶鞘；双花被，子房上位；蒴果；种子有棱；主要分布在全世界的热带地区，也有少数分布在温带和亚热带地区。如：鸭跖草、吊竹梅。

105. 莎草科（Cyperaceae）：草本；秆三棱形，实心，无节；叶3列，有封闭的叶鞘；坚果；广布于全世界潮湿地区，以寒带、温带居多。如：莎草、荸荠、旱伞草、苔草。

106. 禾本科（Gramineae）：多草本；秆圆柱形，常中空，有节；叶二列，叶鞘开裂，常有叶舌、叶耳；颖果；广布种，遍布于全世界。如：水稻、小麦、甘蔗、毛竹、粉单竹、芦竹、芦苇、狗牙根、狗尾草。

107. 姜科（Zigiberaceae）：多年生草本，具地下茎，常有香气；单叶基生或互生，叶鞘上具叶舌；花两性，外轮花被与内轮明显区分；蒴果；主产于热带、亚热带，我国主产于西南和华南地区。如：姜、黄姜、砂仁。

108. 石蒜科（Amaryllidaceae）：多年生草本，叶基生，具鳞茎、根状茎或块茎；常伞形花序，生于花茎顶上，具膜质苞片，花3基数，子房下位，中轴胎座；蒴果或浆果状；分布于热带、亚热带及温带。如：石蒜、水仙、朱顶红。

109. 百合科（Liliaceae）：多草本，具根状茎、鳞茎或球茎；花3基数，子房上位，中轴胎座；蒴果或浆果；主产于温带和亚热带。如百合、芦荟、贝母、萱草、黄精、洋葱、郁金香、文竹、吊兰。

110. 薯蓣科（Dioscoreaceae）：缠绕草本，具根状茎或块茎；叶具基出掌状脉，并有网脉；花单性；蒴果有翅或浆果，种子常有翅；布于全球热带、亚热带，我国主要分布于长江以南各省。如：薯蓣、盾叶薯蓣。

111. 灯心草科（Juncaceae）：湿生草本；茎多簇生；叶基生或同时茎生，常具叶耳；花3基数；蒴果3瓣裂；广布于温带和寒带地区。如：灯心草。

112. 鸢尾科(Iridaceae)：多年生草本；具地下变态茎；叶常根生而嵌叠状，剑形或线形；花由鞘状苞片内抽出，两性，辐射对称，子房下位；蒴果 3 室，背裂；广布于温带、亚热带和热带，主产于东非及热带美洲。如：鸢尾、射干、唐菖蒲。

113. 浮萍科(Lemnaceae)：浮水小草本，植物体退化为鳞片状叶状体；花单性，无被花，胞果；广布种。如：浮萍。

114. 芭蕉科(Musaceae)：草本；叶片大型，长圆形至椭圆形，常有由叶鞘重叠而成的树干状假茎；穗状花序生于佛焰苞内，子房下位；浆果或蒴果；主产于热带、亚热带。如：芭蕉、香蕉、美人蕉、旅人蕉、鹤望兰。

115. 兰科(Orchidaceae)：草本，常地生、腐生或附生；须根多具根被；花常两侧对称，多为两性；花被 6 片，2 轮；雌蕊由 3 心皮组成，子房下位，1 室或 3 室；蒴果，种子极多，微小；为种子植物第二大科，广布于热带、亚热带和温带地区，尤以南美洲和亚洲的热带地区为多。如：春兰、蕙兰、剑兰、大花蕙兰、蝴蝶兰、石斛兰、兜兰。

参 考 文 献

[1]张士弘．自然地理学实验与实习[M]．北京：科学出版社，2002.

[2]马丹炜．植物地理学实验与实习教程[M]．北京：科学出版社，2009.

[3]吴征镒．中国植被[M]．北京：科学出版社，1980.

[4]汪正祥．植物地理学实验与实习指导[M]．武汉：华中科技大学出版社，2010.

[5]马丹炜．植物地理学(第二版)[M]．北京：科学出版社，2012.

[6]陈心明．广西钦州市园林植物的调查与分析[D]．南京：广西大学，2013.

[7]韦跃龙，王国芝，陈伟海，等．广西浦北五皇山国家地质公园花岗岩景观特征
及其形成演化[J]．热带地理，2017，37(1)：66-81.

[8]傅中平，戴璐．浦北县五皇山地质公园特点及开发建议[J]．南方国土资源，
2009(1)：22-25.

[9]徐治平．石蛋触天 野林蔽日——"走进八桂丛林"之五皇山[J]．广西林业，
2013(6)：33-34.

[10]吴国芳，冯志坚，马炜梁，等．植物学(第二版)[M]．北京：高等教育出版
社，2000.

[11]陆时万，徐祥生，沈敏健.植物学(上册)[M]．北京：高等教育出版社，1991.

[12]徐汉卿.植物学[M]．北京：中国农业出版社，1996.

[13]吴征镒.中国种子植物属的分布区类型[J]．云南植物研究(增刊)，1991：
1-139.

[14]宋永昌.植被生态学[M]．上海：华东师范大学出版社，2001.

[15]中国植被编辑委员会.中国植被[M]．北京：科学出版社，1980.